I0121962

ASILE PUBLIC D'ALIÉNÉS DE PAU.

COMPTE-RENDU

MORAL, ADMINISTRATIF ET MÉDICAL

DU SERVICE DE L'ASILE

PENDANT L'EXERCICE 1866,

SUIVI DE CONSIDÉRATIONS

Sur le Traitement de l'Aliénation mentale, et sur la translation de la
Maison Départementale de Santé des Basses-Pyrénées

A L'ASILE SAINT-LUC,

Par le Docteur AUZOUY,

Directeur Médecin de l'Asile public d'aliénés de Pau,
membre correspondant
de la Société médico-psychologique, de la Société d'hydrologie médicale,
des Sociétés de médecine de Metz, Rodez, Nancy, etc.

PAU,
IMPRIMERIE ET LITHOGRAPHIE DE É. VIGNANCOUR,

1867.

ASILE PUBLIC D'ALIÉNÉS DE PAU.

COMPTE-RENDU

MORAL, ADMINISTRATIF ET MÉDICAL

DU SERVICE DE L'ASILE

PENDANT L'EXERCICE 1866,

SUIVI DE CONSIDÉRATIONS

Sur le Traitement de l'Aliénation mentale, et sur la translation de la
Maison Départementale de Santé des Basses-Pyrénées

A L'ASILE SAINT-LUC,

Par le Docteur AUZOUY,

Directeur Médecin de l'Asile public d'aliénés de Pau,
membre correspondant
de la Société médico-psychologique, de la Société d'hydrologie médicale,
des Sociétés de médecine de Metz, Rodez, Nancy, etc.

PAU,

IMPRIMERIE ET LITHOGRAPHIE DE É. VIGNANCOUR,

—

1867.

DÉPÔT LÉGAL.
BASSES-PYRÉNÉES
1867

ASILE PUBLIC D'ALIÉNÉS DE PAU.

COMPTE-RENDU

MORAL, ADMINISTRATIF ET MÉDICAL DE L'EXERCICE 1866

PRÉSENTÉ

A M. G. d'AURIBEAU,

Commandeur de la Légion-d'Honneur,

PRÉFET DES BASSES-PYRÉNÉES,

PAR LE DOCTEUR TH. AUZOUY,

DIRECTEUR - MÉDECIN DE L'ASILE D'ALIÉNÉS,

1re PARTIE.

SERVICE ADMINISTRATIF.

MONSIEUR LE PRÉFET,

Le compte administratif que j'ai l'honneur de vous soumettre pour l'exercice 1866 accuse les résultats suivants :

I.

Résumé du service Financier.

Fixation des Recettes d'après les titres définitifs...	481,787f 57c
Recettes effectuées dans l'exercice 1866..........	457,263 86
Restes à recouvrer sur ledit exercice....	24,523 71
Sur les recettes effectuées, ci.................	457,263 86
Il a été dépensé durant l'exercice 1866........	363,651 83
d'où résulte un excédant de recettes de..........	93,612 03

Report............	93,612 03

auquel il faut ajouter le montant des restes à recouvrer, pour obtenir l'excédant définitif formant la totalité de nos ressources disponibles à la clôture de l'exercice, ci...................................... 24,523 71

Cet excédant disponible se monte à.......... 118,135 74

L'excédant disponible, à la clôture du dernier exercice atteignait la somme de.... 160,384ᶠ 27ᶜ

Déduisant le disponible actuel..... 118,135 74

nous trouvons une diminution de ... 42,248ᶠ 53ᶜ

Mais cette diminution de 42,248 fr. 53 c. provient des dépenses nécessitées par la construction de l'Asile St-Luc, qui se sont élevées en 1866, à........ 176,361 24

Cette dépense extraordinaire a été soldée au moyen

1° de cette somme de 42,248 fr. 53 c. prise sur nos ressources antérieures qui se trouvent diminuées d'autant:

et 2° d'un versement de 100,000 fr. opéré par M. Basterrèche, notre prêteur.

Total.......... 142,248 fr. 53 c. ci 142,248 53

Restait à payer.......... 34,112 71

Il suit de là que pour faire face à ces dépenses de construction, l'Asile a du prélever sur ses propres ressources de 1866 une somme de 34,112 fr. 71 c.

Ainsi, au lieu d'un déficit apparent de 42,248 fr. 53 c. nous trouvons *un boni chiffré de 34,112 fr. 71 c.* qui est venu en 1866 concourir au paiement des travaux en cours d'exécution à St-Luc.

A la clôture de l'exercice 1866, l'architecte et l'entrepreneur de l'Asile St-Luc ont reçu en tout, savoir :

1° Sommes payées à l'entrepreneur

en 1865. 126,907^{f}72^c ⎫
en 1866. 170,542 11   ⎬ 297,449^{f}83^c ⎫

2° Honoraires de l'architecte à 3 pour 0/0 ,   ⎬ 307,947 54

en 1865. 3,832 61 ⎫ 8,969 35
en 1866. 5,136 74 ⎭   ⎭

Laissant momentanément de côté les honoraires de l'architecte, pour ne nous occuper que de l'acquittement des travaux de construction, nous trouvons que sur le montant de l'adjudication du 10 novembre 1864, savoir , y compris la somme à valoir 501,058 20

Il a été déjà payé à la fin de l'exercice 1866... 297,449 83

et que par conséquent il reste encore à payer pour les travaux en cours d'exécution 203,608 37

Pour faire face à cette dépense de 203,608 fr. 37 c. voici quelles sont nos ressources :

1° A recouvrer en 1867, sur l'emprunt de 450,000 fr. un reliquat de .... 150,000 00 ⎫

2° Excédant disponible de l'Asile,   ⎬ 268,135 74
à la clôture de l'exercice 1866, de.... 118,135 74 ⎭

De cet actif libre de 268,135 fr. 74 c. déduisant la somme à payer...... .... 203,608 37

Il restera à notre actif..... .... 64,527 37

Cet actif libre de 64,527 fr. 37 c. après le solde des travaux adjugés à M. Giroux, constitue évidemment une situation prospère, et dont il y a lieu de se féliciter. Cependant cette somme elle-même de 64,527 fr. 37 c. devra faire face à des nécessités qu'il ne faut pas méconnaître, et dont il est utile de prévoir l'urgence dès ce moment même.

Parmi ces prévisions, la construction du pavillon destiné à loger l'Aumônier et le Receveur-économe,

*A reporter......s..... * 64,527 37

Report............ 64,527 37

faisant pendant au pavillon du Directeur-Médecin, plus l'édification de deux loges de concierges, devront coûter ensemble 28,692 71

Il ne resterait alors de disponible, toutes constructions payées, que 35,834 66

pour faire face aux éventualités de toute nature, parmi lesquelles nous placerons en première ligne l'alimentation hydraulique, au moyen d'une conduite forcée, qui amènera à St-Luc les eaux dérivées du Gave par la compagnie générale d'irrigation. Cette alimentation nécessitera la pose de 3 kilomètres de tuyaux sur l'ancien chemin de Tarbes, dit *chemin de la salade*, dont elle suivra intégralement le parcours jusqu'à la rencontre de la branche d'irrigation du Pont-long. Cette mesure assurera en toute saison au nouvel Asile une ample provision d'eau du gave, pour les besoins domestiques, les bains, le blanchissage du linge, et l'irrigation des terres. Elle mettra fin à des frais considérables et permanents d'entretien et d'achat de pompes, pour élever l'eau à grand renfort de bras.

Or, la pose de ces tuyaux de conduite ne coûtera problablement pas moins de 11,834 fr. 66 c. *ce qui réduira notre excédant à environ 24,000 francs.*

Nous espérons n'avoir, sur cet excédant, aucun besoin à imputer provenant du règlement définitif de nos comptes avec M. Giroux, entrepreneur de l'Asile St-Luc, mais il est prudent, néanmoins, de conserver une réserve destinée à nous tirer d'embarras, le cas échéant, bien que le texte formel des conventions acceptées par l'entreprise, et que la surveillance rigoureuse exercée par nous sur les travaux exécutés, semblent devoir nous prémunir contre toute surprise de ce genre.

Mais il est, d'ailleurs, d'autres motifs qui nous imposent l'obligation de conserver une réserve financière ; nous n'avons entrepris la translation de l'Asile à St-Luc, que dans la perspective de réaliser

annuellement un boni d'au moins 30,000 francs pendant la durée
des travaux. C'était là la condition essentielle, *indispensable*, de la
création du nouvel asile. Depuis que la translation de l'Asile à
St-Luc a été décidée, les excédants annuels ont, en effet, dépassé
ce chiffre, MM. les Membres du Conseil général ayant maintenu
à 1 fr. le prix de journée des aliénés au compte du département
des Basses-Pyrénées, qui, sans cette nécessité impérieuse, aurait
déjà pu et dû être diminué.

Le prix modéré des denrées et des objets de consommation avait
jusqu'à présent permis à l'administration de l'Asile de faire des
économies importantes, qui ont puissamment concouru aux opérations effectuées à St-Luc. Mais l'année courante laisse craindre des
résultats moins favorables. Non-seulement le pain et la viande
nous sont fournis, ainsi que toutes les denrées, à des conditions
bien plus onéreuses, ce qui réduira beaucoup le boni de l'exercice
1867, mais encore le service des intérêts dus à notre prêteur va
atteindre son maximum et s'y maintenir plusieurs années ; de plus,
les salaires, ou gages de nos préposés, tendent à une hausse à
laquelle il sera impossible de se soustraire plus longtemps.

Il suit de là que les motifs qui militaient, l'an dernier, en faveur
du maintien à 1 fr. du prix de journée des indigents des Basses-
Pyrénées, sont devenus cette année plus pressants encore. Ayant
la conscience d'avoir jusqu'ici fidèlement rempli les conditions de
son programme, et de n'avoir donné lieu à aucun mécompte, l'administration de l'Asile ose vous demander votre puissant patronage,
Monsieur le Préfet, pour obtenir du Conseil général la continuation
de son concours moral et financier, qui permettra de terminer
rapidement la grande entreprise de l'Asile St-Luc , et de la terminer dans des conditions dont le département n'aura qu'à se
féliciter.

Conformément aux conditions prescrites par le Conseil général
en 1863, l'Asile a exclusivement consacré ses bonis de 1864, 1865,
1866 et antérieurs, aux dépenses de sa translation. Nous les y

consacrerons non-seulement pendant les cinq années exigées alors, mais dans notre pensée ces bonis, tant qu'ils existeront, devront toujours recevoir une destination analogue. Ils appartiennent de droit à l'achèvement et au perfectionnement de l'institution départementale qui les réalise. Du moment où l'œuvre sera terminée et soldée, les excédants de recettes, n'ayant plus une application aussi impérieuse, il y aura évidemment lieu d'en diminuer la source, en allégeant les charges du département.

L'aliénation de l'Asile de Pau se prépare par les soins de la Commission que vous avez nommée à cet effet, et si le travail qui vous sera soumis, reçoit votre approbation, et la sanction du Conseil général, nous connaîtrons sans doute, dans le courant de l'année 1868, le montant des ressources que nous devrons en attendre pour le remboursement de notre emprunt. Si l'adjudication de cet immeuble produit le prix élevé qu'on est en droit d'en espérer, il deviendra dès lors possible, sans compromettre le remboursement de l'emprunt, ni le service des intérêts, ni la marche des services de l'Asile, de procéder à un abaissement sage et progressif du prix de journée, et de commencer à exonérer le département. Ce sera une légitime compensation à ses sacrifices antérieurs.

Un fait important est déjà hors de doute : c'est que la Ferme St-Luc aura été payée, et l'Asile nouveau construit, sans imposer *aucune charge* au département. Par le seul maintien du prix de journée au taux qui remonte à 1858, et sans qu'il lui ait été demandé aucune participation directe, aucune allocation spéciale, le département des Basses-Pyrénées, aura pû, *sans bourse délier,* selon l'heureuse expression de M. le rapporteur du Conseil général, substituer à un local étroit et insuffisant, un asile magnifique, placé dans des conditions exceptionnellement favorables sous le rapport du site, de l'étendue, de l'hygiène, de la salubrité, et du bien-être des malades.

II.
Mouvement de la Population.

Il y a de fréquentes oscillations dans le mouvement d'entrée et de sortie des aliénés placés en traitement à l'Asile de Pau. Néanmoins, depuis deux ans, leur nombre semblait tendre à rester stationnaire, tandis que cette année le mouvement ascensionnel de la population s'est dessiné de nouveau.

Le nombre de malades traités a été de............... 500

En 1865, il était de................................... 487

Différence en plus........................... 13

La population existant au 31 décembre 1866 était de...... 429

Celle constatée au 31 décembre 1865, de............. 398

Soit une augmentation de.................... 31

de 31 malades dans la population fournie à l'Asile par les départements qui composent sa circonscription habituelle.

Le nombre total des journées de présence a été en 1866 de.. 153.140

En 1865, de........................... 146.216

Différence en faveur de 1866........... 6.924

une augmentation de 6,924 journées de présence.

Les Aliénés sont administrativement partagés en deux catégories :

1° Les aliénés traités au compte des départements ou de l'Etat;

2° Les pensionnaires entretenus par leurs familles.

Le nombre des pensionnaires a été de 81 en 1865; il dépasse de 6 unités celui de l'année précédente.

Ils ont produit un total de journées de.......... 22.741

En 1865, ce total montait à................. 19.102

Différence en plus.................... 3 539

Voici le détail par classes des journées de présence afférentes aux aliénés pensionnaires.

1re classe	8 pensionnaires...............	2.573 journées.
2e classe	22	id.	....	5.274 id.
3e classe	21	id.	....	7.571 id.
4e classe	30	id.	....	7.323 id.
TOTAUX.	81	id.	....	22.741 id.

L'augmentation du nombre des journées en 1866 atteste un progrès qui témoigne de la confiance croissante des familles. Les placements volontaires, en se multipliant, concourent de la manière la plus efficace à la prospérité de l'établissement. Ils sont l'indice certain du bien-être moral et matériel, en même temps que des soins médicaux dont les malades sont l'objet, dans la maison de santé départementale des Basses-Pyrénées.

Aliénés au compte des départements ou de l'Etat, en 1866.

Basses-Pyrénées	208	Aliénés donnant	64.793	journées
Autres départements	202.	id.	64.080	id.
Etat. (Guerre	8.	id.	1.475	id.
(Justice (service des prisons)	1.	id.	51	id.
TOTAL	419.	id.	130 399	id.
Pensionnaires	81.	id.	22.741	id.
TOTAL GÉNÉRAL	500.	id.	153.140	id.

Résultat qui donne pour moyenne quotidienne d'aliénés en traitement, en 1866, le chiffre de 419, c'est-à-dire 19 de plus qu'en 1865.

III.

Éléments de la population de l'Asile de Pau.

L'Asile de Pau reçoit, en outre de ses pensionnaires, et des aliénés du département des Basses-Pyrénées, auquel il appartient, ceux dont l'autorité préfectorale prescrit le placement, dans les départements des Landes et des Hautes-Pyrénées.

Par suite de traités renouvelés pour 10 ans en 1860, il dessert une circonscription de trois départements, dont la population officielle s'élève à 982,432 habitants.

Il donne aussi l'hospitalité à un certain nombre d'aliénés au compte du département de la Seine, et aux malades que les familles y placent spontanément.

Département des Basses-Pyrénées.

Au 1ᵉʳ janvier 1866, il existait à l'Asile 171 aliénés au compte du département des Basses-Pyrénées, dont

	hommes	74	femmes	97	Total	171
Sont entrés en 1866	id.	19	id.	18	id.	37
Total des aliénés traités en 1866...............	id.	93	id.	115	id.	208
Sur ce nombre, sont sortis guéris	id.	8	id.	7	id.	15
Décédés......	id.	12	id.	6	id.	18
Total des sorties........	id.	20	id.	13	id.	33
Aliénés restants au 1ᵉʳ janvier 1867............	id.	73	id.	102	id.	175

Admissions.

DIAGNOSTIC de l'affection mentale des malades admis en 1866.

Monomanie. —	hommes	3	femmes	2	Total	5
Manie..... —	id.	12	id.	13	id.	25
Lypémanie. —	id.	2	id.	2	id.	4
Démence... —	id.	2	id.	1	id.	3
TOTAUX. —	id.	19	id	18	id.	37

Sorties.

Les 8 hommes et les 7 femmes sortis guéris, en 1866, étaient atteints,

SAVOIR :

De Manie...... —	hommes	6	femmes	4	Total	10
De Lypémanie . —	id.	2	id.	3	id.	5
TOTAUX.... —	id.	8	id.	7	id.	15

Décès.

18 décès ont eu lieu chez les aliénés des Basses-Pyrénées. Ils sont dus, savoir :

3	à des lésions des voies digestives (entérite et diarrhée).
3	à l'apoplexie ;
3	à la phthisie pulmonaire ;
2	à l'épilepsie ;
2	à la fièvre hectique ;
3	à la paralysie générale ;
1	à la méningite ;
1	à un ictère grave.

18

Les 208 aliénés traités au compte du département des Basses-Pyrénées ont donné 64,793 journées de présence , qui ont coûté :

	Journées.			Montant en argent.
Hommes........	30,487	—	à 1 fr.....	30,487 fr.
Femmes	34,306	—	à 1 fr......	34,306
Totaux.....	64,793	—	à 1 fr......	64,793 fr.

La moyenne des aliénés indigents des Basses-Pyrénées traités à l'Asile pendant l'année 1866 est de 177.

Pensionnaires des Basses-Pyrénées.

Aliénés au compte des familles............   47

dont hommes   26   et femmes   21

Leur séjour à l'Asile a donné un chiffre de 10,254 journées de présence, représenté par une somme de 22,505 francs 70 centimes.

Classement.

7 de ces aliénés appartiennent à la 1re classe.

17	—	—	à la 2e classe.
9	—	—	à la 3e classe.
14	—	—	à la 4e classe.

47

Si l'on ajoute les 47 aliénés pensionnaires aux 208 placés d'office, et entretenus par le département, nous arrivons au chiffre de 255 aliénés originaires des Basses-Pyrénées, qui pendant l'année 1866 ont reçu des soins à l'Asile départemental.

Journées de présence des indigents........ 64,793

—   —   des pensionnaires.... 10,254

Total................... 75,047 journées.

Ce qui donne une moyenne de 205 aliénés pour le contingent des Basses-Pyrénées dans la population de l'Asile.

La moyenne exclusivement afférente au département est de 177 aliénés ; elle est supérieure de 1 unité au chiffre de 176 afférent à l'année 1865.

Cette moyenne de 177, relativement à la population du département, 435,486 habitants, donne 1 aliéné par 2460, ou de 41 aliénés pour cent mille habitants.

Département des Hautes-Pyrénées.

Aliénés existant au 1er janvier 1866...........	hommes	38	femmes	45	Total.	83
Entrés en 1866...... ..	id.	11	id.	6	id.	17
Total des aliénés traités en 1866.............	id.	49	id.	51	id.	100
Sur ce nombre sont sortis guéris.......	id.	2	id.	4	id.	6
Décédés.......	id.	3	id.	5	id.	8
Total des sorties...	id.	5	id.	9	id.	14
Aliénés restants au 1er janvier 1867...........	id.	44	id.	42	id.	86

Admissions.

Voici le relevé des divers diagnostics qui ont été notés pour les malades admis dans l'année.

Monomanie.....	hommes	1	femmes	1	Total.	2
Manie.	id.	6	id.	2	id.	8
Lypémanie......	id.	3	id.	2	id.	5
Démence.......	id.	1	id.	1	id.	2
Totaux.....	id.	11	id.	6	id.	17

Sorties.

Voici le diagnostic du trouble mental, qu'avaient présenté à notre observation, les 6 aliénés sortis pendant l'année 1866.

Manie.......	hommes	1	femmes	3	Total.	4
Lypémanie...	id.	1	id.	1	id.	2
Totaux.....	id.	2	id.	4	id.	6

Décès.

Les 8 décès qui ont eu lieu parmi les aliénés des Hautes-Pyrénées sont dus, savoir :

> 3 à l'apoplexie ;
>
> 2 à la fièvre hectique et de consomption ;
>
> 2 à la paralysie générale ;
>
> 1 à la phtisie pulmonaire ;

Total.. 8 décès.

Les 100 aliénés traités au compte du département des Hautes-Pyrénées ont donné 30,993 journées de présence, qui ont coûté 34,092 f 30 c.

En voici la répartition :

Hommes.........	15,750	à	1 f 10 c.	17,325 f.	00 c.	
Femmes.........	15,243	à	1 10	16:767	30	
Totaux......	30,993	à	1 f 10 c.	34,092 f.	30 c.	

La moyenne des aliénés entretenus à l'Asile par le département des Hautes-Pyrénées pendant l'année 1866, s'élève à 84.

Cette moyenne de 84, comparée à la population du département, 240,252 habitants, donne 1 aliéné par 2860 âmes, ou 35 aliénés par cent mille habitants, au lieu de 1 par 3234 âmes, et de 31 par cent mille, chiffres de l'année précédente.

Il y a donc un progrès sensible dans l'assistance donnée à ses aliénés par le département des Hautes-Pyrénées. Sans atteindre la proportion de 41 aliénés secourus par cent mille habitants, du département des Basses-Pyrénées, il dépasse de beaucoup celle du département des Landes, bornée jusqu'ici à 20 aliénés par cent mille âmes, comme on le verra ci-après.

Si le nombre des aliénés secourus correspondait au chiffre des infortunés frappés dans leur intelligence, il n'y aurait qu'à se féliciter de le voir diminuer ; mais malheureusement les statistiques démontrent que lorsque la mise en traitement est trop retardée, les chances de guérison s'amoindrissent. Qu'arrive-t-il alors ? C'est que les Asiles se peuplent d'incurables, imposant à leurs départements la charge onéreuse d'un entretien indéfini, tandis que, traitée à temps, la lésion mentale a plus de chances de céder, et la société peut recouvrer un membre utile. La haute sollicitude de MM. les Préfets est une sauvegarde assurée à l'égard des infortunes constatées, mais il y a quelquefois de la part des familles une lenteur fâcheuse à réclamer le bienfait d'un traitement spécial, d'autant plus efficace, qu'il est appliqué à une époque plus rapprochée de l'invasion de la maladie.

Pensionnaires des Hautes-Pyrénées.

Aliénés placés volontairement par leurs familles. 6

   dont hommes 5 et femmes 1

Le séjour de ces aliénés à l'Asile a donné un chiffre de 495 journées de présence, représenté par une somme de 738 francs.

CLASSEMENT :

1 de ces malades appartenait à la 3e classe ;

5 de ces malades appartenaient à la 4e classe ;

Si l'on ajoute les aliénés pensionnaires aux 100 placés d'office , et entretenus par le département, l'on arrive au chiffre de 106 aliénés originaires des Hautes-Pyrénées, qui pendant l'année 1866 ont reçu des soins à l'Asile de Pau.

Journées de présence des indigents......... 30,993

—   des pensionnaires.....   495

Total.................. 31,488

Ce qui donne une moyenne de 86 aliénés pour le contingent des Hautes-Pyrénées dans la population de l'Asile de Pau.

Département des Landes.

Aliénés existant au 1er janvier 1866 :

	hommes	24	femmes	35	Total	59
Sont entrés pendant l'année 1866	id.	11	id.	8	id.	19
Total des aliénés traités en 1866.	id.	35	id.	43	id.	78
Sur ce nombre, sont sortis guéris	id.	2	id.	2	id.	4
décédés	id.	5	id.	3	id.	8
Total des sorties..............	id.	7	id.	5	id.	12
Aliénés restants au 1er janvier 1867	id.	28	id.	38	id.	66

Admissions.

DIAGNOSTIC de l'affection mentale des aliénés admis en 1866.

Monomanie..........	hommes	3	femmes	1	Total	4
Manie...............	id.	5	id.	6	id.	11
Lypémanie.	id.	3	id.	1	id.	4
Totaux.........		11	id.	8	id.	19

Sorties.

Les 4 malades sortis étaient atteints de Manie.

Le Manie étant ordinairement la forme initiale de l'aliénation mentale, il n'est pas surprenant que ce soit les maniaques qui aient le privilège de nous donner le plus fort contingent, dans nos guérisons annuelles. Nos incurables se recrutent surtout parmi les aliénés dont le placement a été indéfiniment retardé, et dont le délire autrefois curable, quand il était récent et à l'état aigu, est, à la longue, devenu chronique, et au dessus des ressources de l'art médical.

Décès.

8 décès ont eu lieu chez les aliénés des Landes. Ils sont dus ; savoir :

3 à des lésions des voies digestives (entérite et diarrhée) ;
2 à la phtisie pulmonaire ;
2 à la fièvre hectique et de consomption ;
1 à l'hydropisie.

Total... 8 décès..

Les 78 aliénés traités en 1866 ont donné 22,867 journées, qui ont coûté 25,153 fr. 70 c.

En voici la répartition par sexes :

	Journées.			Montant en argent.	
Hommes........	10,660	à	1 f. 10 c.	11,726 f.	00 c.
Femmes...... .	12,207	à	1 f. 10 c.	13,427	70
Totaux.....	22,867			25,153 f.	70 c

La moyenne des aliénés entretenus à l'Asile de Pau par le département des Landes, pendant l'année 1866, est de 63.

Cette moyenne est supérieure de 3 unités au chiffre de 60, afférent à l'année 1865. La proportion des aliénés secourus par le département des Landes, eu égard à sa population (306,693

2

habitants), est de 1 sur 4868 âmes, ou de 20 aliénés 1/2 par cent mille habitants. C'est là une moyenne très-faible, et dont il n'y aurait lieu que de se féliciter, si elle était la réelle expression des besoins de la contrée, au point de vue de l'assistance de ses aliénés.

Pensionnaires des Landes.

Dans la catégorie des pensionnaires figurent, savoir :

9 hommes et 16 femmes, Total 25.

Leur séjour à l'Asile a donné un chiffre de 6,791 journées de présence, représentée par une somme de 12,244 fr. 92 c.

CLASSEMENT :

1 de ces pensionnaires appartenait à la 1re classe.

4   —   —   à la 2e classe.

11   —   —   à la 3e classe.

9   —   —   à la 4e classe.

25

Si l'on ajoute les aliénés pensionnaires à ceux placés d'office, par ordre de l'autorité, l'on arrive au chiffre de 103, qui représente le total des aliénés landais traités à l'Asile de Pau en 1866.

Pensionnaires d'autres départements

Le département de la Seine a entretenu cette année à l'Asile de Pau 26 aliénés, dont 7 hommes et 19 femmes.

Leur séjour a produit 9,490 jours de présence, ce qui à 1 fr. 20 donne 11,388 fr.

Enfin, ont encore été traités au compte des départements, savoir :

de la Guerre....... 8 aliénés donnant 1475 journées 2,311 f 18 c.

de la Justice (prisons) 1   id.   51   id.   56   10

du Gard........... 1   id.   365   id.   438   »

d'Ille et Vilaine..... 1   id.   365   id.   438   »

Parmi les pensionnaires entretenus par les familles, nous avons obtenu 6 guérisons, ainsi réparties, savoir :

Malades atteints de manie..	hommes	2	femmes	2	Total	4
Id. de Lypémanie.........	id.	1	id.	1	id.	2
Totaux.......	id.	3	id.	3	id.	6

Ce qui avec les aliénés du régime commun sortis guéris en 1866, porte à 31 le nombre de nos succès thérapeutiques.

En voici la récapitulation :

Basses-Pyrénées.	hommes	8	femmes	7	Total des guérisons	15
Hautes-Pyrénées	id.	2	id.	4	id.	6
Landes.........	id.	2	id.	2	id.	4
Pensionnaires..	id.	3	id.	3	id.	6
Total des sorties...		15	id.	16	id.	31

Comme d'habitude, nous avons éliminé du chiffre des guérisons les malades sortis et réintégrés dans l'année pour cause de rechûte, et aussi ceux qui ont quitté l'Asile pour autre cause que la guérison ; jaloux de ne consigner dans ce rapport que des résultats sincères et authentiques.

IV.

Recettes de l'exercice 1866.

ARTICLE PREMIER. L'intérêt des fonds placés au Trésor public à 3 pour 0/0, en attendant qu'il en soit fait emploi, a atteint cette année........... 5,320 60

C'est là, en réalité, une recette extraordinaire, bien qu'inscrite parmi nos recettes ordinaires, attendu qu'elle provient presqu'en entier du placement des fonds empruntés pour la construction de l'Asile Saint-Luc. Cette recette a allégé considérablement cette année, la dépense qui nous incombait pour le

A reporter...... 5,320 60

Report..... 5,320 60

service des intérêts dus à M. Basterrèche , notre bailleur de fonds.

Art. 2 à 5 inclus. Les recettes inscrites à ces articles se résument dans le tableau suivant des journées de présence :

Régime commun. Aliénés au compte de l'assistance publique.

Basses-Pyrénées...................	64,793 f	
Hautes-Pyrénées...........	34,092	
Landes.......	25,153 70	
Seine	11,388	
Gard........	438	
Ile-et-Vilaine................... .	438	
Militaires........	2,311 18	
Etat (Prisons).....	56 10	
Total...............	138,669 98	
sur lesquels il a été recouvré......		118,519 02
Chiffres de 1865...........	134,431 90	
Augmentation en 1866.	4,238 08	

Art. 6 à 9. Les recettes fournies par les pensionnaires au compte des familles ont pris cette année une marche ascensionnelle qui témoigne de la confiance qu'inspire l'établissement au public , et de sa prospérité croissante.

En voici la répartition par classes :

Nombre de pensionnaires traités.	Prix de journée		Recettes en 1866.
1re classe 8	3 f 50		9,005 50
2e classe 22	2 74		14,604 20
3e classe 21	1 60		13,259 70
4e clas (Basses-Pyrénées.. 14	1 10	4,587 00	8,496 60
(Autres départements 16	1 20	3,909 60	
Total... 81			45,366 00
sur lesquels il a été recouvré........			45,079 95
Chiffres de 1865......		37,411 22	
Augmentation en 1866..		7,954 78	

A reporter........ 168,919 67

Le rapprochement du chiffre actuel , 45,366 , avec
le chiffre de 1851, qui était de 5073 fr. 40 c. démontre
qu'en 15 ans l'importance du pensionnat de l'asile a
presque décuplé. Mais sans remonter au-delà de
9 ans en arrière, nous trouvons que le produit
du pensionnat a presque triplé dans cette courte
période. Le compte-rendu imprimé de notre pré-
décesseur, faisait ressortir à 16,726 fr. 72 c. le
produit des journées des pensionnaires en 1857 , ce
qui donne en faveur de 1866 l'énorme augmentation
de 29,639 fr. 28 c. sur l'année 1857 , où déjà l'on
se félicitait de l'essor qu'avait acquis cette branche
des recettes de l'Asile. Il est évident que l'installation de nos pensionnats à St-Luc, dans des conditions de confortable bien différentes de celles que
nous pouvons leur procurer à l'Asile actuel , sera à
la fois une bonne spéculation pour l'établissement,
et une bonne fortune pour les familles aisées, frappées
dans un de leurs membres. Celles-ci sont, jusqu'à
présent, dans l'obligation de faire traiter leurs parents
aliénés au loin, dans des maisons spéciales, offrant
des conditions de bien-être en rapport avec leurs
habitudes. L'ouverture prochaine des beaux pensionnats de St-Luc comblera une lacune regrettable,
dans les ressources thérapeutiques de cette contrée.

Le nombre des journées de nos pensionnaires de
chaque classe, multiplié par le prix de journée, ne
concorde pas exactement avec la somme réellement
perçue. Cela tient à deux causes :

1° A ce qu'il a été encaissé de petites sommes dues
pour l'intégralité du mois commencé (*Art. 96 du*

règlement), bien que la sortie de quelques malades ait eu lieu avant l'expiration dudit mois.

2° A ce que, pour six de nos pensionnaires, le taux de la journée ne se compose que de la diffé-rence entre la pension d'indigent payée par leurs départements respectifs, et le taux de la troisième classe. Ces compléments de journée consacrent de rares exceptions, assurant une plus grande somme de bien-être à des aliénés pauvres, mais dont l'in-fortune a inspiré à des personnes dévouées le désir de l'alléger. L'éducation et la position sociale des intéressés leur eût rendu plus pénible qu'à d'autres leur assimilation au régime commun des indigents, et vous avez toujours pensé, Monsieur le Préfet, devoir autoriser ces marques de sympathie, qui ne frustrent en rien les départements, attendu que, toutes spontanées, elles s'appliquent exclusi-vement aux aliénés désignés par les bienfaiteurs, et ne seraient jamais versées en exonération des départements, par des personnes dont le seul but est d'adoucir le sort de leurs protégés.

Nous avons évalué à 81 le chiffre de nos pension-naires de toutes classes ; mais pour avoir leur nombre exact, il faut ajouter à ces 81, neuf autres aliénés, dont 6 figurent parmi ceux au compte de l'assistance pu-blique, (et pour lesquels il est payé des suppléments), et dont les 3 autres sont classés parmi les aliénés militaires. L'administration de la guerre, par un traité du 25 juin 1866, assure aux officiers supérieurs la 1re classe, aux officiers la 2e classe, et aux sous-officiers la 3e classe. Les caporaux et soldats sont seuls au

Rport.... 168,919 57

régime commun, ou 4° classe. Ces diverses additions portent à 90 le nombre de nos pensionnaires en 1866.

Art. 10. Trois de nos pensionnaires ayant eu un domestique attaché à leur service particulier, à 1 fr. 60 c. par jour, il est résulté de ce chef une recette de...................................... 1.752 00

Art. 11. Produit de la vente des os et objets hors de service.... .... 405 55

Art. 12. Montant de la vente des produits excédant les besoins de l'Asile......................... 2,972 22

Les principaux éléments de cette recette consistent d'abord dans la vente d'animaux élevés à la Ferme St-Luc, pour 1,070 fr. 50 c., et en second lieu dans la vente des légumes du jardin potager, et de quelques quintaux de foin de qualité inférieure, qui n'ont pu être consommés dans la maison, pour 1705 fr. 72 c. Le reste provient d'objets confectionnés à l'Asile et cédés aux pensionnaires.

Art. 13. Recettes accidentelles................. 2.364 05

Le remboursement du montant de la nourriture que reçoit à l'Asile le Médecin-Adjoint, en vertu d'une autorisation préfectorale, y figure pour 500 fr.

Art. 14. Remboursement par les familles des dépenses excédant le prix de pension et autres.... 1.824 65

Art. 15. Trop perçu..................... 829 35

Art. 16. Transport d'aliénés : 195 fr. sur lesquels il a été recouvré............................ 165 00

Translation des Aliénés des Hautes-Pyrénées de l'hospice de Tarbes à l'Asile de Pau, par les soins d'un préposé de l'Asile, en vertu d'un traité spécial.

A reporter........... 179,232 39

Report..........	179,232 39
Art. 17. Revenus en nature......	16.527 10

La culture intensive dont la ferme St-Luc est l'objet, continue à donner des produits importants pour la consommation intérieure de l'établissement.

Art. 18. Produit du travail des Aliénés........	5.176 50

Nous en dirons autant du travail des aliénés, qui a rendu d'immenses services pour les fouilles, pour les terrassements de l'Asile en construction, en outre des travaux ordinaires de la culture et des ateliers professionnels.

Dans le compte figurent aussi :

Art. 19. Recouvrement de l'emprunt.	100.000 00

Recette extraordinaire qui devait primitivement s'élever à 200 000 fr., mais l'actif en caisse a permis d'ajourner à l'exercice suivant le recouvrement de 100,000 fr.; ce qui porte à 150,000 fr. la somme restant à recouvrer en 1867 sur notre emprunt.

Et comme *Recettes supplémentaires.*

1º L'excédant de l'exercice clos pour...........	137.817 11
2º Les restes à recouvrer de l'exercice clos, savoir : 22,567 fr. 16 c. sur lesquels il a été recouvré en 1866...................................	18.510 76
Total des recettes effectuées.......	457.263 86

En résumé, les recettes totales de l'exercice 1866

s'élèvent à la somme de.....................	481.787 57
sur lesquelles il a été recouvré................	457.263 86
Il reste donc à recouvrer......	24.523 71

V.

Dépenses de l'exercice 1866.

Les dépenses totales de l'exercice 1866 s'élèvent,
d'après le compte, à.......................... 363.651 83
   Celles de 1865 avaient été de................ 299.273 12

     Différence en plus en 1866.............. 64.378 71

Si du montant général des dépenses,
savoir : 363.651ᶠ 83
nous déduisons le montant des dépenses
extraordinaires........ .... 191.361 24

nous constatons qu'il reste pour les
dépenses ordinaires en 1866........ 172.290 59
   Dépenses ordinaires de 1865... 160.130 14

   D'où suit, pour 1866, une augmentation des dépenses ordinaires de...... 12 160ᶠ 45

Cette augmentation s'explique par l'accroissement
considérable du nombre de nos pensionnaires, dont
la présence a nécessité des suppléments de crédit,
ou l'usage dans une plus large mesure, des crédits
alloués.

Mais un accroissement correspondant dans les recettes ordinaires a plus que compensé l'élévation des
dépenses de même nature.

Le prix de revient de la journée, toutes classes
réunies, qui ressortait pour chaque malade, en
1865, à...................... ... 1ᶠ 09ᶜ 5.161
   Ressort pour 1866, à 1 12 5.052

   Différence en plus, en 1866... 0 02 9.891

Voici le détail des dépenses propres à l'exercice
1866 :

Article 1er. Traitement du Directeur-Médecin.,; 5.000 00
Traitement des Directeurs-Médecins en chef de 3me
classe. (Décret impérial du 6 juin 1863. — Arrêté
ministériel du 21 octobre 1864).

Art. 2. Traitement du Receveur-Econome...... 2,500 00
(Arrêté préfectoral du 10 octobre 1862).

Art. 3. Traitement des Employés de l'Administration................................. 2,300 00
Dont   1,200 au commis ou secrétaire de la direction.
          600 au commis détaché à la régie agricole.
          500 au surveillant en chef.

Égal   2,300f

Art. 4. Traitement des fonctionnaires et employés
du service médical...................... 2,300 00
      Savoir : Médecin-Adjoint. ...   1.800f ⎫
                                              ⎬ 2.300f
              Interne...........,   500 ⎭

Art. 5. Traitement de l'Aumônier. ....,, 1.000 00
Sur notre demande , le Conseil général des Basses-
Pyrénées a élevé ce traitement à 1,200 fr. à dater
du 1er janvier 1867.

Art. 6. Vestiaire des sœurs.,............... 1.400 00
Sept sœurs de St-Vincent de Paul recevant 200 fr.
chacune, pour leur habillement.

Art. 7. Solde des préposés et servants. 7,348f 33e ci. 7,348 33
La dépense de 1865 n'était que de. 6,720 15

D'où une augmentation en 1865 de.   628f 18e
qui provient de l'élévation forcée de certains salaires ,
d'une part, et d'autre part de la nécessité d'augmenter

A reporter.   21,848 33

Report.... 21,848 33

le nombre des préposés, trois d'entr'eux ayant été attachés au service particulier d'autant de malades.

Art. 8. Frais de culte........................ 352 05

Art. 9. Frais de sépulture (Aliénés indigents).... 238 05

Art. 10. Frais d'Administration, de bureau, d'impression et d'école........................ 1178 96

La dépense de l'exercice précédent était de 1,364 fr. 90 c. et par conséquent supérieure de 185 fr. 94 c. à celle du présent. Mais il avait été payé 500 fr. à l'administration du timbre, au lieu de 250 fr. chiffre de cette année, pour l'abonnement des obligations de l'emprunt contracté par l'Asile auprès de M. Bas-terrèche. Si nous déduisons ces 250 fr. il reste pour la dépense afférente à l'art. 10 la somme de 928 fr. 96 c. qui a servi, non seulement à acquitter les frais de bureau, mais les frais d'impression, d'achat de livres et de publications pour distraire et occuper les malades, d'entretien de la bibliothèque, du cabinet de lecture, et des jeux divers, qui sont des conditions essentielles de la prospérité de notre pensionnat.

Art. 11. Contributions........................ 146 95

Art. 12. Assurances contre l'incendie............ 91 95

Art. 13. Pain................ 28,821 f. 22 ci 28,821 22

Dépensé en 1865....... 26,027   33

Augmentation en 1866.......... 2,793 f. 89 c.

Le prix moyen du kilogramme de pain était en 1866 de......................... 0 f. 25 c. 054

Il n'était en 1865 que de......... 0 f. 23 c. 999

Augmentation......... 0 f. 02 c. 055

La consommation moyenne de l'établissement a

A reporter. 52,677 51

Report.... 52,677 51

monté de 297 kil. 117, à 315 kil. 160 par jour, soit 18 kilogrammes 43 grammes en plus.

Art. 14. Viande consommée :

en 1866   29,469^k 305 coûtant 20,779^f 54^c ci.   20,779 54
- en 1865   26,233^k 965   id.   20,678^f 75^c

Augment^n en 1866   3,235   340   100 79

Le prix moyen du kilogramme de viande s'élève pour 1865 à .... 0 f. 78 c. 824

Il ressort en 1866 à .... 0 f. 70 c. 513

Différence en moins en 1866... 0 f. 08 c. 311

La consommation moyenne et quotidienne de viande dans l'établissement a été en 1866 de... 80 k 736

Elle était en 1865 de............ 71 k 873

Augmentation en 1866.......... 8 k 863

Art. 15. Vin et vinaigre :

Dépensé en 1865.............. 8,491 f. 81 c,
Id. en 1866....... .... 7,053 »   7,053 00

Différence en moins en 1866.... 1,438 f. 81 c.

Due à l'abaissement de prix du vin, fourni à 19 fr. l'hectolitre, au lieu de 25 fr.

La consommation moyenne et quotidienne de vin est en 1866..................... 102 lit^s 608

en 1865 de..................... 92   301

Augmentation en 1866.......... 10 lit^s 307

due à l'accroissement de la population de l'Asile, et aussi à des rations de vin supplémentaires, distribuées aux aliénés travaillant aux terrassements et aux cultures de St-Luc.

A reporter.   80,504 05

Report.... 80,504ᶠ 05ᶜ

Art. 16. Comestibles.............. 16,888ᶠ 61ᶜ ci   16,888 61

Dépense de 1865.......... 16,359 73

Différence en plus..... 528 88

due à l'accroissement du nombre des consommateurs.

Art. 17. Dépenses de pharmacie :

en 1866 ....'.... 1,102ᶠ 46ᶜ ci, 1,102 46

en 1865..... .... 1,297 42

Diminution...... ... . 194 96

Cette diminution est l'indice d'une amélioration
dans l'état sanitaire.

Art. 18. Tabac........................ ·.....,....... 1,010 00

Ce crédit ne comprend que le tabac de cantine,
à 4 fr. le kilogramme, distribué aux aliénés indigents.
Les pensionnaires achètent à leurs frais le tabac qui
leur est nécessaire, aux prix ordinaires de la Régie.

Art. 19. Lingerie et vêtures..... 14,890 f. 89 c. ci.   14,890 89

En 1855............... 13,659 07

Augmentation .... 1,231 f. 82 c.

motivée par l'acroissement des besoins d'une population plus nombreuse, et par les oscillations de prix
amenée par les adjudications annuelles.

Art. 20. Dépenses du coucher ... 6,893 f. 84 c. ci.   6,893 84

Précédent exercice.... 5,158 88

Augmentation en 1866.... 1,734 f 96 c.

Mêmes observations que pour l'article précédent.
De plus, l'achat d'une certaine quantité de lits neufs
a contribué à en élever le chiffre.

Art. 21. Entretien et renouvellement des meubles
et ustensiles..... ....· 2,906 f. 16 c. ci.   2,906 16

Précédent exercice....... 3,200 00

Diminution .... 293 f. 84 c.

A reporter. 124,196 01

Report....   124,196 01

Art. 22. Blanchissage........................   3,893 89

Calculé à raison de 8 f. 25 c. par an et par individu blanchi (Traité approuvé).

L'installation d'une buanderie dans le nouvel Asile atténuera cette dépense, en même temps que l'usure et la destruction du linge. Elle fournira à la division des femmes une occupation en rapport avec ses habitudes, et avec les aptitudes de ce sexe.

Art. 23. Chauffage.............   4,470 f. 00 c. ci.   4,470 00
Dépense en 1865.........   5,595   75

Diminution................   1,125 f. 75 c.

Due à une réserve considérable de combustible ménagée l'année précédente, au moyen d'un approvisionnement plus complet, qui a en outre l'avantage de pouvoir laisser sécher le bois pendant six mois, avant de le livrer à la consommation.

Art. 24. Eclairage...........................   1,459 20
(Sans observation).

Art. 25. Entretien des bâtiments et murs.....................   2,748 f. 36 c. ci.   2,748 36
Précédent exercice......   3,465   56

Diminution........   717 f. 20 c.

La construction du nouvel Asile St-Luc nous a imposé le devoir de borner les dépenses d'entretien de l'ancien asile au strict nécessaire. Tout ce qui n'est pas absolument indispensable est ajourné indéfiniment.

Art. 26. Entretien des propriétés :
(frais de culture)...........   1,255 f. 13 c. ci.   1,255 13
Exercice 1865.................   1,483   04

Diminution de frais...........   227 f. 91 c.

A reporter.   138,022 59

Report....	138,022	59
Art. 27. Gratifications aux travailleurs...........	1,914	25
Art. 28. Fourrage et litière....................	1,258	42
Art. 29. Dépenses imprévues..................	200	»
Art. 30. Restitution de trop perçu (se compensant avec l'art. 15 des Recettes).....................	829	35
Art. 31. Avances aux familles................	1,824	65
(se compensant avec l'art. 14 des Recettes)		
Art. 32. Frais de translation d'aliénés...........	149	70
Art. 33. Revenus en nature. (La partie réservée à la consommation de l'Asile)....................	16,527	10
(se compensant avec l'art. 17 des Recettes)		
Art. 34. Evaluation du travail des aliénés. (La partie réservée à la consommation de l'Asile)..........	5,176	50
(se compensant avec l'art. 18 des Recettes)		
Art. 35. Construction de l'Asile St-Luc.........	176,361	24

Dépense extraordinaire soldée au moyen des fonds provenant de l'emprunt de 450,000 fr. concurremment avec les ressources propres à l'Asile.

Art. 36. Intérêts de l'emprunt..................	15,000	»

Cette dépense se trouve allégée par une recette de 5,320 fr. 60 c. inscrite à l'article 1er du présent compte et qui vient en compenser une partie. Si nous déduisons l'intérêt que l'Asile a retiré de ses fonds placés au Trésor public en compte courant, il ne reste plus à sa charge, sur ces 15,000 fr. que 9,679 40 c.

Dépenses supplémentaires.

Construction du mur d'enceinte...............	2,399	87

Somme employée par voie de Régie à l'achat de matériaux, mis en œuvre par les aliénés, sous la di-

A reporter.	359,700	12

Report.... 359,700 12

rection d'infirmiers maçons, ce qui amènera une réduction de plus de moitié dans les frais d'édification du mur qui doit enceindre le nouvel établissement.

Achat de l'enclave Terrenègre................. 3,951 71

Paiement d'un à compte de 2,000 fr. au propriétaire de ce terrain, joint à la ferme St-Luc, pour en régulariser le périmètre, en vertu d'un acte du 12 août, approuvé le 28 août 1866 par le Conseil Général. Frais d'enregistrement et de purge d'hypothèques.

Total des Dépenses............. 363,651ᶠ 83ᶜ

BALANCE.. { Recettes, y compris les restes à recouvrer. 481,787 57
{ Dépenses........................ 363 651 83

Excédant de Recettes........ 118,135 74

VI.

Asile Saint-Luc.

A deux kilomètres de la ville de Pau, s'élèvent les vastes constructions de l'Asile St-Luc, dont notre personnel pourra bientôt prendre possession. Les bâtiments déjà élevés permettent de juger ce que sera le nouvel Asile. On a critiqué la longueur et la hauteur des quatre grands bâtiments parallèles, qu'on a trouvé excessives, relativement à leur peu de largeur. Nous aurions, en effet, préféré des bâtiments moins étroits, et dans notre programme imprimé en 1863 (page 29), nous avions indiqué une largeur de 9 mètres. Mais pour des raisons de service et d'économie, M. l'Inspecteur général prescrivit de réduire cette largeur à 7 mètres, c'est-à-dire à 6 mètres dans œuvre. On est ainsi dispensé d'étayer dans leur milieu des poutres qui, à 9 mètres de portée, auraient eu besoin d'être soutenues par des colonnes, ou par des murs de refend, tandis que 6 mètres de largeur dans nos salles sont parfaitement suffisants. La disproportion signalée disparaîtra d'ailleurs, et ne choquera point la vue, lorsque les galeries projetées seront venues élargir la base de ces bâtiments, en fractionner la longueur en deux segments égaux, et lorsque de belles plantations les entoureront. Nos nouveaux quartiers auront tous incontestablement les avantages suivants : salubrité, aération, étendue, variété, aspect riant. Ce que l'architecture de quelques-uns pourrait présenter de grêle au premier abord, sera corrigé par l'achèvement de l'œuvre, et ils ne dépareront pas, en définitive, cet ensemble, où les pensionnats et les bâtiments d'administration ont un aspect décoratif qui ne manque pas d'élégance, et où la commodité du service compensera largement de légères imperfections, inséparables de toute institution humaine.

Nos ateliers de terrassiers ont, à eux seuls, exécuté toutes les fouilles pour les fondations, pour les caves, et pour les sauts de loup, précédant le mur de clôture, du nouvel Asile. Des aliénés maçons, avec quelques infirmiers de la même profession, poursuivent l'exécution de l'immense mur d'enceinte de l'établissement, et des diverses clôtures des préaux. Enfin, ils procèdent avec activité au terrassement de l'avenue qui doit relier l'axe de l'Asile avec la route impériale, sur 16 mètres de largeur et sur 380 mètres de longueur. Ces travaux considérables de nos aliénés, font réaliser à l'Asile des économies extrêmement importantes, et quoiqu'ils aient absorbé en grande partie les bras de nos travailleurs, la culture n'a pas cependant été négligée. La ferme St-Luc a donné des produits plus importants encore que les années précédentes.

Le produit des revenus en nature consommés dans la maison s'est élevé en 1866, à................... 16,527 10 `}` 19,303 32
Les produits agricoles excédant nos besoins et vendus au dehors à.......... 2,776 22 `)`
En 1865, les revenus consommés ne s'élevaient qu'à..................... 14,418 42 `}` 17,728 43
et les produits agricoles vendus à...... 3,310 01 `)`
Les produits agricoles de St-Luc, en 1866, dépassent donc ceux de 1865 de........ 1,574 89

3

Ces produits vont prendre un nouvel accroissemeut par suite de l'annexion à St-Luc de l'enclave Terrenègre, qui est aujourd'hui un fait accompli. Cette annexion a complété notre périmètre de la manière la plus heureuse, et a porté à 23 hectares euviron l'étendue des terrains appartenant désormais à l'Asile départemental des Basses-Pyrénées. La culture de notre colonie agricole s'est perfectionnée de jour en jour, depuis sa fondation en 1860. Elle n'a jamais été dirigée dans des vues égoïstes, mais, au contraire, elle a aidé de son mieux aux progrès de l'agriculture Béarnaise. Tandis que quelques propriétaires, jaloux de demeurer possesseurs exclusifs de certaines races d'animaux de choix, et d'écarter des concurrences futures qui pourraient leur disputer les primes dans les concours, ne livrent leurs produits qu'à des prix inabordables, la colonie St-Luc, a toujours cherché à propager ses belles races, et à les disséminer chez les agriculteurs du pays les plus aptes à les répandre et à les multiplier.

La présence des produits de St-Luc aux concours agricoles ayant porté ombrage à quelques propriétaires ruraux, nous avions cru en 1865, devoir nous abstenir de les y faire paraître. Le hasard voulut que cette année même le concours fut des plus mesquins. Les personnes les plus autorisées nous reprochèrent notre abstention. Il était évident que notre participation aurait du moins donné un peu de relief à ce concours, réduit par l'indifférence du public à des proportions infimes, et peu dignes des efforts du Comice de Pau. Depuis lors, la colonie de St-Luc, aussi bien que la Ferme-Ecole, figure aux expositions agricoles, et elle y obtient souvent des récompenses, dont le montant en argent est toujours, sauf votre approbation, Monsieur le Préfet, réparti entre les agents et les serviteurs qui, à divers degrés, concourent au succès de notre colonie agricole. Si l'exemple d'une culture perfectionnée et soigneuse peut influer sur l'esprit des cultivateurs, et peut triompher des tendances trop routinières de certains d'entre eux, il n'est pas douteux que St-Luc ne soit presque une succursale des Fermes-Ecoles, et n'ait aussi une petite part, dans les progrès réalisés dans la contrée. Parmi les aliénés sortant guéris de l'établissement, il en est peu qui n'aient eu occasion de mettre en pratique les méthodes perfectionnées de culture agricole ou potagère, et d'emporter avec eux des notions utiles, dont l'application doit être avantageuse aux propriétés qu'ils ont à cultiver.

L'Asile St-Luc occupe près de 5 hectares de superficie, formant un quadrilatère régulier, entouré de toutes parts par les terrains en culture de la colonie. Tous ses bâtiments sont isolés, et environnés à leur tour de vastes préaux, qui vont devenir des jardins cultivés. Dès que l'installation de notre personnel à St-Luc aura pu s'effectuer, les plantations et les parterres seront l'objet d'un soin tout particulier. Les divers pavillons qui composent cette vaste maison de santé, seront alors égayés non-seulement par le splendide panorama des Pyrénées, et de la riche campagne de Pau, mais encore par la verdure et les fleurs, qu'on ne saurait trop prodiguer autour des invalides de l'intelligence. Notre principal souci est d'éloigner d'eux tout ce qui ressemble à la claustration, d'abréger la durée, et d'adoucir l'ennui d'une séquestration temporaire, nécessitée par la plus triste des infirmités.

VII.

Considérations générales.

Quelques mois à peine nous séparent du moment où pourra s'effectuer la translation de l'Asile, de son personnel, et de son mobilier à St-Luc, dont l'inauguration est désormais prochaine. J'ai dû me préoccuper d'avance de la nouvelle installation, et les prévisions budgétaires qui vous seront incessamment soumises pour 1863, Monsieur le Préfet, se ressentiront des nécessités amenées par le changement de local. Il est d'ailleurs, dans le service, des besoins auxquels il est urgent de satisfaire, des lacunes très-sensibles, même dans le local ancien, (et qui le seront bien davantage à St-Luc), qu'il est indispensable de combler au plus tôt. C'est dans le personnel administratif que ces lacunes se sont le plus fait sentir, et ce n'est qu'à force d'expédients, que nous sommes parvenus à y suppléer jusqu'à ce jour.

Dans quelques établissements très importants, les fonctions de Receveur sont distinctes de celles d'Econome, et la comptabilité financière se trouve séparée de la comptabilité en matières. Il y a cependant un grand avantage, au point de vue des émoluments dont le budget de l'Asile est grevé, de la discipline intérieure, et surtout de l'unité du service, à voir ces deux branches de la comptabilité réunies dans les mains d'un seul fonctionnaire. Mais lorsque l'extension des divers services en arrive à excéder ses forces, il devient indispensable de lui adjoindre un auxiliaire. C'est ce qui fut décidé en 1857, sur les observations de M. l'Inspecteur général Parchappe, à l'Asile de Pau, bien que sa population fut très-inférieure à ce qu'elle est actuellement, et que la comptabilité y fût infiniment moins compliquée. Des motifs d'ordre intérieur ayant amené au 1er janvier 1860 la suppression de l'emploi de commis d'économat, et le receveur économe se trouvant depuis lors sans aide, le rétablissement de cet emploi est aujourd'hui très urgent.

Bien que M. Lacaze ait, depuis plusieurs mois, rétribué de ses deniers des collaborateurs temporaires, l'excès du travail qui lui incombait a altéré sa santé. La population de l'Asile, limitée à 226 aliénés en 1857, s'est élevée, en 1866, jusqu'à 434 malades, soit 208 en plus. Depuis cette époque, les recettes et les dépenses ordinaires de l'établissement ont plus que doublé, les chiffres des quantités entrées et des quantités sorties ont plus que triplé, et donnent lieu à des détails infinis pour leur enregistrement et leur constatation. Enfin les comptes ouverts individuellement à chaque aliéné, pour les dépôts d'argent ou le pécule, presqu'insignifiants autrefois, sont aujourd'hui très-minutieux, et constituent une vraie caisse d'épargne pour les malades. Le mouvement d'écritures qui résulte de ces diverses obligations est tel, qu'un seul homme ne peut absolument y suffire, et la création d'un emploi de commis d'économat ne peut être différée davantage.

L'accroissement de la population de l'Asile entraîne comme conséquence inévitable l'accroissement du personnel de surveillance. L'élévation du chiffre des aliénés marche de pair avec une augmentation sensible du nombre des pensionnaires des premières classes. La présence de ceux-ci concourt largement à la prospérité de la maison, mais elle exige, en revanche, un service beaucoup plus minutieux. Il est donc devenu nécessaire d'adjoindre une huitième sœur de charité, aux sept religieuses de St-Vincent-de-Paul qui desservent déjà l'Asile, avec tant d'intelligence et de dévouement. La surveillance de la division des femmes, la bonne gestion des services culinaires, économiques, pharmaceutiques, de la chapelle, de la lingerie, du vestiaire, etc., nécessitent cette adjonction, sans laquelle les services généraux seraient en souffrance.

Notre aumônier, si prudent et si dévoué, nos bonnes sœurs de charité, le surveillant en chef et le commis détaché à la Régie agricole, ne cessent, chacun dans sa sphère, de me seconder de la manière la plus active et la plus efficace. C'est sous l'impulsion de ces derniers, que les malades occupés dans nos divers ateliers professionnels, ont exécuté en 1866 des travaux de toute nature, dont voici un aperçu succinct :

1° ATELIERS DE TERRASSIERS.

Plus de 1800 mètres cubes de déblais ont été exécutés pour les sauts de loup précédant le mur d'enceinte, pour les fondations de celui-ci, ou pour les drainages autour des constructions. Il a été fait aussi environ 1,000 mètres de remblais, pour les avenues et les nivellements des jardins.

2° ATELIERS DE MAÇONS

Ces ateliers ont bâti 534 mètres courants du mur d'enceinte, sur

3ᵐ 50 de hauteur moyenne, et sur 0ᵐ 40 d'épaisseur minimnm, ce qui donne un cube de 750 mètres de maçonnerie. Au prix de l'adjudication, savoir 12 fr. 67, ces 750 mètres cubes auraient coûté à l'Asile 9,502 fr. 50 c., tandis qu'il n'a déboursé que 2,400 fr. d'une part et 1,500 fr. d'autre part, soit en tout 3,900 francs pour achat de matériaux. Déduisant ce déboursé (3,900 fr.), de 9,502 fr. 50 cent., nous trouvons que nous avons obtenu, sur le prix coté au détail estimatif qui a servi de base à l'adjudication donnée à M. Giroux, une économie de cinq mille six cents francs (5,602 fr. 50 c.), en achetant les matériaux de gré à gré, et directement, et en les faisant mettre en œuvre par les aliénés et leurs gardiens maçons. D'après ces données, le prix du mètre cube ne nous revient qu'à un débours de 5 fr. 20 c. au lieu de 12 fr. 67 c.

3° Atelier de cordonniers.

Confection ou réparation de 356 paires de souliers.

4° Atelier de tisserands.

Tissage de 234ᵐ200 de toile écrue avec le chanvre filé dans la division des femmes.

5° Atelier de tailleurs.

Confection de 395 vestes, tuniques, gilets et pantalons.

6° Menuiserie et serrurerie.

Confection de 301 objets de menuiserie, parmi lesquels 6 lits de gâteux, 14 tables de nuit, 6 tables ordinaires, 24 commodes, 34 cercueils, 2 brouettes, 2 divans pour les salons des pensionnats, 1 prie-Dieu pour la chapelle etc., et de 60 objets de serrurerie.

7° Ouvroir des femmes.

4,049 articles de lingerie, literie et vêtures sont sortis de l'ouvroir des femmes.

8° Enfin, les femmes ont filé 89ᵏ200 de filasse pour concourir à alimenter l'atelier des tisserands, et ont refait plus de 800 matelas de laine.

Ces divers travaux, tout en améliorant la condition physique et morale de nos malades, contribuent aussi à produire les bons résultats économiques et financiers que nous avons constatés dans ce compte-rendu. Ils ne sont pas cependant exécutés à titre gratuit, car l'article 27 du budget des dépenses atteste qu'il a été distribué pour 1,914 fr. 25 c. de gratifications. Des allocations supplémentaires de tabac, et quelques améliorations de régime, complètent la série des encouragements aux travailleurs.

La valeur inventoriée du mobilier, literie, lingerie et vestiaire n'a cessé de faire des progrès, et l'Asile St-Luc se trouvera, dès l'abord, suffisamment muni pour n'avoir pas à supporter de grandes dépenses d'installation. Voici comment se résument nos derniers inventaires :

	Lingerie et vestiaire.	Mobilier et animaux.	Total.
Valeur au 31 décembre 1866 .	110,990 97	63,407 95	174,398 92
Valeur au 31 id. 1865..	101,667 77	60,839 93	162,507 70
Augmentation de valeur au 31 décembre 1866.......	9,323 20	2,568 02	11,891 22

Il résulte de ce tableau que notre mobilier, notre cheptel, et notre lingerie se sont accrus de 11,891 fr. 22 c. dans le courant de l'exercice écoulé.

Avec les éléments dont nous disposons, avec le concours, pour le service médical, de MM. le docteur Robinet, Médecin-adjoint, et Guichot, interne ; pour l'administration de MM. Lacaze, Receveur-économe, et Batsalle, secrétaire de la direction, tous fonctionnaires ou employés dont j'apprécie le zèle et le dévouement, j'ai pu mener à bien l'œuvre considérable dont les difficultés m'ont plus d'une fois ému ou inquiété.

Le nouvel Asile édifié sous vos auspices, Monsieur le Préfet, a déjà obtenu comme conception architecturale, et comme monument approprié à son but, l'approbation des personnes les plus compétentes. Les plans de M. Lévy, architecte du département, vous ont été demandés, à titre de modèles, par plusieurs de MM. les

Préfets vos collègues, et un pareil honneur, mérité par cet intelligent et habile directeur de nos constructions, témoigne hautement en faveur de l'entente générale de ses plans.

Parmi les nombreux visiteurs de l'Asile St-Luc, se trouve M. le docteur Robertson, Directeur-Médecin de l'Asile du comté de Sussex, et président de l'Association médico-psychologique de Londres. Voici comment s'exprime ce praticien distingué, dans les Annales de l'Association qu'il préside en Angleterre :

« En 1865, j'ai vu à Pau, grâce à l'obligeance de M. Auzouy,
» le Directeur de l'Asile, le plan du nouvel asile du département
» (pour 500 malades), alors en voie de construction. J'ai également
» visité avec lui le magnifique site choisi pour cet asile. L'idée
» générale qui a présidé à ce plan, a consisté à construire un
» corridor central allant de l'Est à l'Ouest, et duquel se détachaient
» des pavillons avec salles au Nord et au Sud ; ainsi se trouvait réalisé
» le principal caractère du système des pavillons appliqué à la
» construction des hôpitaux. Je crois que ce plan de M. Auzouy
» a été le premier essai de ce genre, appliqué à la construction
» des Asiles. »

(Reprinted from the, JOURNAL OF MENTAL SCIENCE, *January, 1867.)*

M. le docteur Robertson ayant, à son tour, à fournir un plan d'Asile, a cru devoir imiter, dans son dessin, les principales données du plan de St-Luc, et si nous nous félicitons des emprunts faits à nos idées, ce n'est pas par un vain amour-propre, mais c'est parce que nous y voyons la confirmation de l'opinion où nous sommes d'avoir fait pour le mieux dans l'intérêt de nos aliénés.

Nous avons été puissamment aidé dans cette tâche par le concours si éclairé, si dévoué, si persévérant, de la commission de surveillance, toujours empressée à aplanir les difficultés quand elles surgissent, et à seconder les efforts qui tendent à l'amélioration et au progrès de l'institution.

SERVICE MÉDICAL.

I.

Dans une maison destinée au traitement des affections mentales, l'action du médecin acquiert une puissance d'initiative et une prépondérance incontestables. Le but principal à atteindre étant la guérison des malades, il m'a toujours paru convenable de subordonner les actes de mon administration aux indications thérapeutiques. En effet, il n'est rien dans un Asile, qui ne possède une influence médicatrice : Disposition des bâtiments, alimentation, vestition, hygiène, régime intérieur, surveillance, occupations, distractions, rapports avec les familles ou avec le dehors, tout cela doit être réglé et dirigé d'après les données que suggère la science médicale. Ce n'est pas seulement dans les infirmeries que le médecin doit intervenir pour traiter les maladies incidentes ; c'est dans dans tout ce qui se rapporte aux aliénés, c'est dans toute l'organisation de la maison de santé, que doit prévaloir sans cesse la pensée médicale. S'inspirant de ces données, l'autorité supérieure réunit, autant que possible, les fonctions de Directeur à celles de Médecin en chef, dans les Asiles départementaux. Lorsque le chiffre de la population atteint certaines limites, le besoin d'un ou de plusieurs collaborateurs se fait sentir et, sans que l'unité de direction et de responsabilité en reçoive aucune atteinte, le labeur se subdivise entre plusieurs fonctionnaires hiérarchiquement organisés. Le nombre de nos malades ayant atteint, il y a trois ans, le chiffre de 400 et l'ayant considérablement dépassé depuis lors, un emploi de Médecin-Adjoint fut créé à l'Asile de Pau. J'ai jusqu'ici rencontré dans les jeunes confrères appelés à ce poste, un concours assidu, intelligent et empressé, qui a allégé ma tâche, à mesure qu'elle devenait plus onéreuse.

Malgré l'encombrement de nos salles, encombrement auquel va mettre prochainement un terme la translation des malades à St-Luc, l'état sanitaire a été en 1866 généralement meilleur que l'année précédente. Les dépenses de pharmacie ont baissé, et la mortalité, malgré un nombre plus grand de malades, a été sensiblement moindre.

	hommes.	femmes.	total.
Il y avait à l'Asile au 1er janvier 1866	173	225	398 aliénés
Ont été admis pendant l'année.....	59	43	102
Total des aliénés traités à l'Asile en 1866	232	268	500

Sont sortis guéris. 15 h.   16 f.
Sont décédés.... 24   16

Total des disparitions.	39	32	ci.	39	32	71

Restait en traitement au 31 décembre 1866...................... 193   236   429

Sur une population pareille, le clinicien a occasion d'observer toutes les formes et presque tous les types de la folie. Chacun de nos malades étant personnellement l'objet d'une observation attentive, nous avons pû classer comme il suit ceux qui étaient à l'Asile au 1er janvier 1866 :

	hommes	femmes	total.	
Manie aigüe ou chronique........	54	92	146	
Id. ébrieuse.........	10	5	15	186
Id. avec épilepsie ...	13	12	25	
Démence primitive ou consécutive.	25	42	67	
Id. avec paralysie générale.	16	9	25	106
Id. avec épilepsie.........	6	8	14	
Lypémanie....................	13	30	43	
Id. avec stupeur..........	5	6	11	54

Monomanie.....................	14	7	21	21
Imbécillité....................	9	10	19	} 23
Id. avec épilepsie..........	2	2	4	
Idiotie........................	4	1	5	} 8
Id. avec épilepsie..........	2	1	2	

Totaux........... 173   225   398

Voici maintenant le diagnostic porté sur l'affection mentale des 102 malades admis dans le courant de 1866 :

	hommes	femmes	total.	
Manie aigüe ou chronique.......	8	3	11	} 18
Id. ébrieuse........	2	2	4	
Id. avec épilepsie....	1	2	3	
Démence primitive ou consécutive.	16	9	25	} 36
Id. avec paralysie générale..	10	1	11	
Lypémanie.....................	8	7	15	} 35
Id. avec stupeur...........	7	6	13	
Id. avec épilepsie.........	2	5	7	
Monomanie....................	5	8	13	13

Totaux.............. 59   43   102

Récapitulant les deux tableaux qui précèdent, nous arrivons à cette classification d'ensemble :

Récapitulation.

Manie...........................	204
Démence.........................	142
Lypémanie.......................	89
Monomanie.......................	34
Imbécillité.....................	23
Idiotie.........................	8
Total........................	500

La manie et la lypémanie, qui sont les deux formes de la folie offrant le plus de chances de guérison, entrent pour plus de moitié, dans les cas nouvellement admis, et pour près des trois cinquièmes, dans le total des cas que nous avons eu à traiter.

II.

Admissions.

L'Asile de Pau dessert une circonscription habituelle de trois départements, avec lesquels il est actuellement relié par des voies ferrées, et il reçoit, en outre, des pensionnaires au compte des familles, de l'Etat (Guerre ou prisons), et de divers départements. Les malades admis en 1866 sont entrés ainsi qu'il suit :

	hommes	femmes	total.
1er trimestre....	14	15	29
2e trimestre............,....	23	12	35
3e trimestre....	14	6	20
4o trimestre...........	8	10	18
Totaux..........	59	43	102

Il y a eu 55 admissions pendant les 2e et 3e trimestres, c'est-à-dire pendant les mois les plus chauds, tandis qu'il n'y en a eu que 47 pendant les 6 mois réputés les plus froids. Cette différence, plus sensible encore les années précédentes, ferait supposer que les fortes chaleurs de notre climat méridional favorisent l'explosion de la folie. Parmi les 102 malades admis, 17 avaient déjà été traités dans des asiles d'aliénés, et 85 y entraient pour la première fois.

Parmi les individus admis, nous rangerons

			Total.
dans la population urbaine........	31h.s	22f.s	53
dans la population rurale.........	28	21	49
Totaux..................	59	43	102

Il suit de là que la moitié de nos aliénés émane de la popu-

lation urbaine, qui dans les trois départements de notre circonscription réunis ne dépasse pas 152,000 âmes, tandis que la population rurale y est est de 830,000 âmes. Dans nos supputations,
nous considérons comme habitant la ville les personnes qui résident
dans des communes de 3,000 âmes et au-dessus. Or ces communes
se réduisent à 10 dans les Basses-Pyrénées, savoir :

Bayonne....................	27,000 habitants	
Pau......................	25,000	
Oloron....................	9,300	
Orthez....................	6,770	
Salies....................	5,300	89,700
Monein....................	4,000	
Nay......................	3,400	
Saint-Jean-de-Luz...........	3,000	
Biarrits....................	3,000	
Pontacq...................	3,000	

A 6 dans les Landes., savoir :

Dax......................	9,800	
Mont-de-Marsan............	5,600	
Aire.....................	5,000	31,200
Saint-Sever...............	4,800	
Tartas....................	3,000	
Hagetmau..................	3,000	

Et à 4 dans les Hautes-Pyrénées,

Tarbes...................	14,000	
Bagnères.................	9,100	31,100
Lourdes..................	4,300	
Vic-de-Bigorre............	3,700	

Total.................... 152,000

La population urbaine fournit une admission par 2,868 habitants,
tandis que la population des campagnes n'en fournit qu'une par
16,938 âmes. Les villes contribuent près de six fois plus que les
campagnes, proportionnellement à leur population respective, à

peupler annuellement les asiles d'aliénés. La statistique d'une année est évidemment insuffisante pour établir péremptoirement ce fait ; mais les statistiques des années précédentes, soit à Pau, soit dans les asiles des autres contrées, démontrent l'immense influence prédisposante à la folie qu'exerce l'habitation des agglomérations urbaines.

Ainsi, tandis que dans les Basses-Pyrénées on assiste 41 aliénés par cent mille habitants, que ce chiffre est de 35 dans les Hautes-Pyrénées, et de 20 seulement dans les Landes, contrées où les centres populeux sont rares, il s'élève à 176 dans les Bouches-du-Rhône, et dans le département du Rhône à plus de 180 aliénés par 100,000 âmes de population. Nous ne prenons pas pour exemple la Seine, qui est, sous ce rapport, dans des conditions tout-à-fait exceptionnelles. L'habitation des villes occupe donc, incontestablement, une place considérable parmi les causes prédisposantes à la folie.

Age des Aliénés admis.

C'est dans la période de virilité, de 20 à 40 ans surtout, que l'on voit éclater le plus de cas de folie. C'est ce que démontre le tableau suivant :

	hommes.	femmes.	total.
Aliénés âgés de moins de 20 ans...	1	»	1
— de 20 à 30 ans....	13	12	25
— de 30 à 40 ans....	20	12	32
— de 40 à 50 ans....	15	8	22
— de 50 à 60 ans....	5	4	9
— de 60 à 70 ans....	2	3	5
— de 70 et au-dessus.	3	4	7
Totaux...........	59	43	102

Etat-Civil.

Il est généralement admis que le célibat constitue une des causes prédisposantes de la folie. Les résultats suivants ne démentent pas cette opinion :

	hommes.	femmes.	total.
Mariés.......	18	15	33
Célibataires.................	34	20	54
Veufs ou veuves..........	7	8	15
Etat civil inconnu..........	»	»	»
	—	—	—
Totaux............	59	43	102

Professions.

La folie marque ses victimes dans tous les rangs de la Société. D'après nos observations, les professions agricoles seraient les moins éprouvées :

Professions libérales........	18	15	33
— industrielles, mécaniques et autres..	19	18	37
— agricoles...........................	17	9	26
Sans profession ou inconnues..............	5	1	6
	—	—	—
Totaux...............	59	42	102

Instruction.

L'invasion de la folie semblerait favorisée par les progrès de l'instruction, que le tableau ci-dessous prouve être largement répandue parmi les classes laborieuses du Sud-Ouest de la France :

Instruction libérale...................	8	6	14
Sachant lire et écrire................	36	26	62
Sans instruction.....................	9	7	16
Instruction inconnue............. ...	6	4	10
	—	—	—
Totaux...............	59	43	102

Etiologie.

L'étude des causes est extrêmement précieuse en psychiatrie, non-seulement pour asseoir le diagnostic avec quelque précision,

mais encore pour guider le praticien dans la direction du traitement. L'incurie des familles, et l'éloignement des contrées d'où les
malades sont amenés, occasionnent quelquefois une absence complète de renseignements. Les aliénés des Landes surtout, nous arri-
vaient naguères accompagnés de certificats médicaux dont la rédac-
tion, *imprimée d'avance*, ne laissait au médecin traitant que le soin
d'y apposer une date et une signature. Grâce à la bienveillante
intervention de M. le Préfet des Landes, ces certificats sont devenus
plus explicites et ont acquis une valeur scientifique dont ils étaient
jusqu'alors complètement dépourvus. Il ne suffit pas , en médecine,
d'affirmer un fait ; il faut encore le démontrer et l'étayer sur quelques données fournies par l'examen des sujets. Nos renseignements
étiologiques seront désormais moins incomplets. Voici ceux que nous
avons recueillis en 1866 :

		hommes.	femmes	total.
	Prédispositions héréditaires....	22	21	42
Causes prédisposantes.	Existence d'accès antérieurs de folie.	15	10	25
	Causes prédisposantes inconnues.	22	12	34
	TOTAUX....	59	43	102
	Causes physiques...........	33	17	50
Causes déterminantes.	Causes morales.............	20	16	56
	Causes réunies	4	5	9
	Causes inconnues..........	2	5	7
		59	43	102

Parmi les causes physiques dominent les excès bachiques , véné-
riens et autres, et parmi les causes morales les chagrins, les dé-
ceptions, et l'exagération du sentiment religieux.

III.

Sorties et Guérisons.

Nous n'avons pas fait figurer parmi les aliénés sortis ceux qui,
ayant quitté l'Asile sans être guéris, y ont été réintégrés quel-

ques mois après. Nous ne mentionnons que les sorties définitives, par suite de guérisons dont quelques-unes seront peut-être, tôt ou tard, suivies de récidive, mais ce serait déjà un résultat satisfaisant obtenu, si les deux tiers d'entr'elles étaient des guérisons durables. Ainsi sur nos 31 sorties, nous estimons que 20 guérisons solides peuvent être espérées. C'est une proportion d'un cinquième ou de vingt pour cent, relativement aux admissions de l'année, et de quatre pour cent, eu égard au chiffre total des aliénés traités.

Diagnostic relatif aux aliénés guéris.

	hommes.	femmes.	total.
Etaient atteints de Manie.......	11	11	22
— — de Lypémanie...	4	5	9
TOTAUX..........	15	16	31

Durée du séjour à l'Asile des aliénés guéris.

Nos malades sortis de l'Asile en 1866, avaient séjourné :

de 2 à 3 mois....................	2	1	3
de 3 à 4 mois....................	4	2	6
de 4 à 6 mois....................	2	3	5
de 6 à 9 mois....................	4	2	6
de 9 à 12 mois...................	1	5	6
de 1 an à 2 ans	1	2	3
de 2 ans à 5 ans................	1	1	2
TOTAUX................	15	16	31

Comme on vient de le voir, la Manie et la Lypémanie font seules les frais de nos succès curatifs. Nous en trouvons la raison, non pas tant dans la curabilité même de ces affections, que dans la nécessité où l'on se trouve généralement de les traiter dès leur apparition. La manie surtout se présente avec un cortége de symtômes effrayants pour l'entourage des malades, qui force le plus souvent à recourir de suite à un traitement efficace. Tout le monde

est à peu près d'accord sur l'urgence de la séquestration des fu-
rieux. Mais on est beaucoup moins d'accord, en dehors du monde
médical, sur l'avantage que présente la promptitude de la mise
en traitement ; quand il s'agit des formes de la folie où le délire
n'est pas accompagné de fureur. Voici à ce sujet l'opinion émise
au sein d'une Assemblée qui avait à apprécier un de nos rapports :

« Il n'y a jamais lieu de se presser *d'incarcérer* les malades ; en
» effet, une séquestration trop prompte atteindrait trop souvent un
» but contraire à celui que l'on se propose, en hâtant et déve-
» loppant le germe de la maladie que l'on veut combattre. Il ne
» faut se presser que quand il y a danger pour la sécurité pu-
» blique. Dans les autres cas il convient d'attendre et d'attermoyer ;
» l'humanité en fait un devoir. »

Nous avons souligné le mot *incarcérer* qui paraît un peu étrange,
appliqué à des aliénés placés dans un Asile organisé en colonie
agricole, et où le principal souci de l'administration est de dissi-
muler la séquestration, et d'en identifier, autant que possible, le
régime avec celui de la famille. Nous doutons d'ailleurs qu'un médecin consentit à descendre au rôle, même temporaire, *d'incar-
cérateur*, tandis que nous nous faisons un honneur de traiter les
malades qu'on nous confie pour un délai plus ou moins prolongé.
Nous persistons à penser, non pas que l'incarcération, mais que le
placement immédiat dans une maison de santé, où le régime
n'a rien que de doux et de bienveillant, loin de hâter et de dé-
velopper le germe de la maladie que l'on veut combattre, est le plus
sûr moyen de l'empêcher de devenir chronique et incurable.

C'est un axiôme aussi vieux que la médecine elle-même, que le
traitement d'une maladie est d'autant plus efficace, qu'il est appliqué
à une époque plus rapprochée de son invasion. Il y a deux mille
ans, un poëte latin écrivait ces vers :

Principiis obstà : Serò médicina paratur,
Cùm mala per longas invaluère moras.

Nous n'avons pas besoin de remonter si haut pour trouver des opinions qui font autorité dans la science, et qui sont absolument contraires à la doctrine émise, à propos de notre rapport de 1865, dans le passage que nous avons ci-dessus reproduit textuellement. Voici ce qu'a dit C. Pinel :

« Le placement tardif des aliénés est, sans contredit, la cause la plus puissante qui rend la guérison difficile ou impossible. »......

« Le retard, la lenteur, l'indécision, la répugnance même des familles à placer les malades dans une maison spéciale sont, sans nul doute, des causes majeures qui empêchent leur rétablissement. »

Notre vénéré maître, M. Falret, le Nestor des médecins aliénistes de notre époque, écrivait, il y a bien longtemps : « Le plus grand nombre d'aliénés guérissent dans les premiers mois ou dans le cours de la première année ; les guérisons sont encore nombreuses dans la seconde année ; les chances de curabilité diminuent considérablement ensuite. »

Il est facile de s'assurer que nos résultats confirment pleinement cette manière de voir, qui était aussi celle d'Esquirol, et qui est encore aujourd'hui celle de tous les médecins chargés de traiter la folie. 26 de nos malades, sur 31, ont guéri dans le cours de la première année de leur admission à l'Asile. Leur traitement hâti n'a donc pas développé le germe de leur affection. Il n'a été efficace que parce qu'il a été prompt.

IV.

Décès.

La mortalité a été moindre qu'à l'ordinaire dans notre Asile, en 1866. Nous avons eu à enregistrer 40 décès, ce qui, relativement à 500 malades traités, donne la proportion de 1 décès sur 12 et demi. Or la statistique démontre qu'il succombe tous les ans plus d'un dixième des aliénés en traitement, et il n'y a qu'à se féliciter, lorsque la mortalité demeure au-delà de la limite de 1 sur 10.

Décès par trimestre.

	hommes.	femmes.	total.
1er Trimestre......................	8	3	11
2e Trimestre.......................	9	3	12
3e Trimestre....	5	4	9
4e Trimestre......................	2	6	8
TOTAUX.............	24	16	40

La division des hommes a, comme de coutume, payé à la mortalité un plus large tribut que la division des femmes. La fréquence plus grande dans le sexe masculin de la paralysie générale, concourt à ce résultat.

Séjour des Aliénés décédés.

	hommes.	femmes.	total.
Ont séjourné : Un mois et au-dessous.......	1	»	1
— de deux mois à six mois.....	6	4	10
— de six mois à un an..........	4	2	6
— au-delà d'un an..........	13	10	23
TOTAUX..............	24	16	40

Près de la moitié des décès constatés ont eu lieu chez des individus ayant séjourné moins d'un an à l'Asile. Les 23 autres sont survenus chez des malades anciens, et pour la plupart déjà affaiblis par les progrès de l'âge ou pour ceux de la lésion organique des centres nerveux.

Voici les lésions auxquelles a été attribuée, dans les différents cas, la cause de la mort :

	hommes.	femmes.	total.
Epilepsie...........................	2	»	2
Apoplexie et congestion cérébrale....	4	2	6
Paralysie générale.................	5	3	8
Pellagre...........................	1	»	1
Affections intestinales.............	5	2	7
Marasme, fièvre hectique..........	»	5	5

Phtisie..............................	2	1	3
Pneumonie	2	1	3
Hémorragie traumatiqne............	1	»	1
Ictère grave......................	1	»	1
Tympanite.........................	»	1	1
Hydropisie.........................	1	»	1
Suicide (asphyxie par suspension)..	»	1	1
TOTAUX............	24	16	40

Les affections cérébrales , telles que la paralysie générale, l'apoplexie et l'épilepsie , tiennent une grande place dans notre nécrologe. Les affections des voies digestives ont atteint surtout des personnes dont la constitution était depuis longtemps affaiblie et détériorée; un seul individu a succombé à la pellagre. Le marasme et la fièvre hectique qui l'accompagne, ont fait 5 victimes. Les maladies des voies respiratoires ont sévi avec plus de rigueur que d'habitude. 3 malades ont succombé à la pneumonie, et 3 à la phtisie pulmonaire. Enfin , 5 de nos malades ont succombé à des causes isolées et variées , dont l'une est un suicide par suspension, exécuté dans le préau même de sa section, par une lypémaniaque. Cette malheureuse , qui cependant avait fait jadis deux tentatives de ce genre , semblait revenue à de meilleures idées , et se montrait moins triste et plus enjouée depuis quelque temps, lorsque le 3 août 1866 elle sort du dortoir à 4 heures 30 minutes du matin, pour se rendre aux cabinets du jardin attenant. Là au moyen d'une corde qu'elle avait préalablement dérobée au lieu où sèche le linge, corde usée par un long service et une exposition prolongée à l'air et aux intempéries, Jenny L.. .., se pend à un paulownia. La corde casse sous le poids de son corps, mais alors seulement que l'asphyxie était complète ; l'infirmière de la section, accourue avec une autre malade pour savoir ce qui retenait Jenny hors du dortoir, la trouvait, à 4 heures 50 minutes, étendue sans vie sur le sol. Prévenu à l'instant, ainsi que le médecin-adjoint, nous n'avons pu rappeler à la vie cette infortunée.

V.

Maladies incidentes.

L'aliéné est , comme tout le monde, plus que tout le monde, exposé à contracter des maladies. Comme d'habitude, je vais exposer sommairement le cadre des affections qui ont peuplé en 1866 nos infirmeries. Nous y avons eu en traitement 223 maladies internes, et 36 cas chirurgicaux. En voici le détail, d'après les cahiers de visite :

AFFECTIONS INTERNES.	Janvier.	Février.	Mars.	Avril.	Mai.	Juin.	Juillet.	Août.	Septembre.	Octobre.	Novembre.	Décembre.	TOTAL.
Pneumonie.	1		2				1					1	5
Bronchite.	4	3	10	2	2	7	5	1	1	2	2	1	40
Gastralgie.	1	»	1	»	3	2	»	2	»	1	3	2	15
Diarrhée.	3	3	4	3	4	1	4	2	1	4	2	3	34
Erythème.	1												1
Angine.	1	»	1	»	»	1	»	»	1	»	»	»	4
Dyspepsie.	1	1	1	2	2	»	1	4	»	2	3	4	21
Amygdalite.	1	2	»	1						1	1	3	4
Asthme (accès).	1	«	1	»	1	»	»	1	»	1			7
Fièvre éphémère.			1	»	2	2	»	1	1	2	»	3	12
Congestion cérébrale.		1	»	1	1	»	1				2	2	8
Hémorrhagie cérébrale.			1				1			2		1	5
Métrorrhagie.	1		1				1			2		1	6
Entérite.				1			2	1	»	»	1		5
Erysipèle.	1	»	»	1				1	»	1			4
Hypertrophie du cœur.			1				1			1		1	4
Pleurodynie.	1			1	2	»	3	»	1				8
Dysenterie.	1				1		1	2	2	1		1	9
Catarrhe bronchique.	1	1	2	1	»	»	3	»	1	1	2	1	13
Névralgie sciatique.					1								1
Dysménorrhée.							1						1
Hémàthémèse.				1						1			2
Tubercules pulmonaires	2	1				1	1			1			6
Parotidite.								1					1
Pleurésie.		1							1				2
Occlusion intestinale.										1			1
Méningite simple.			1				1					1	3
Hydropisie.										1			1
Totaux.	21	13	27	14	19	14	27	9	16	25	16	22	223

AFFECTIONS EXTERNES.	Janvier.	Février.	Mars.	Avril.	Mai.	Juin.	Juillet.	Août.	Septembre.	Octobre.	Novembre.	Décembre.	TOTAL.
Conjonctivite. . . .	1				1		1	2			1		6
Blépharite.									1		1		2
Abcès par congestion. .	1				1								2
Adénite cervicale. .			1						1				2
Abcès du sein. . . .		1											1
Plaie contuse. . . .		1	1	2		1		1		2			8
Hémorrhagie traumatique. . . .	1			1			1		1				4
Ophtalmie.					1		1						2
Ulcère phagédénique, hémorragie consécutive.							1			1			2
Phlegmon.											1		1
Sycosis.						1	1						2
Panaris.								1					1
Arthrite.									1				4
Entorse.			1						1				2
Totaux. . . .	3	3	2	5	1	2	4	5	5	2	3	»	36

Parmi les maladies incidentes, nous n'avons pas compris ces indispositions légères, fugaces, et toujours en grand nombre, qui guérissent souvent d'elles-mêmes ou à l'aide des plus simples précautions, et pour lesquelles le séjour à l'infirmerie serait quelquefois plus nuisible qu'utile.

Bon nombre d'affections des voies respiratoires ont été très-graves. Cependant sur une soixantaine, 6 seulement ont déterminé la mort, savoir : 3 pleuro-pneumonies et 3 affections tuberculeuses.

Les affections des voies digestives ont été, comme cela se remarque dans la plupart des Asiles, très-rebelles et difficiles à guérir. Presque tous les malades de cette catégorie, ont fait des séjours répétés et quelquefois prolongés à l'infirmerie. Ne pouvant entrer ici dans le détail de nos médications, nous nous bornerons à dire que l'alimentation analeptique nous a donné, dans ces cas, quelques succès évidents, mais n'a pas toujours la puissance qu'on lui a attribué. Elle est efficace, bien plus pour prévenir ces maladies, que pour les guérir, une fois déclarées.

Une particularité assez remarquable, c'est que pendant tout le cours de l'année, nous n'avons pas eu un seul cas de fièvre éruptive, bien qu'il en ait régné dans la ville.

La thérapeutique mentale étant l'objet principal de notre institution, c'est sur elle que nous devons insister plus particulièrement dans notre compte-rendu médical.

VI.

Du traitement de l'aliénation mentale.

Je ne saurais décrire ici les divers modes de traitement employés pour guérir l'aliénation mentale ; ce serait dépasser les limites que j'ai voulu assigner à ce rapport, attendu que rien n'est multiple comme les types de folie révélés journellement par l'observation clinique, et que rien n'est varié comme les médications que chacun d'eux réclame. Je me contenterai donc de donner un aperçu résumant les principaux éléments de ma thérapeutique mentale.

L'exercice musculaire et le travail manuel m'ont jusqu'ici paru être tout à la fois d'excellents stimulants dans les cas de torpeur et d'inertie, et les meilleurs modérateurs de l'excitation maniaque. Si les travaux de terrassement, et le transport des matériaux à l'aide d'une brouette, sont presque les seules occupations qu'on puisse imposer aux aliénés agités, les autres travaux si variés qu'on exécute dans nos ateliers, forment, pour la majorité de nos malades, de précieuses ressources de distraction et de traitement. Chacun trouve à l'Asile de Pau les moyens de se livrer à l'exercice de sa profession antérieure. Nos ateliers sont organisés de manière à ce que la plupart des métiers y soient représentés : maçons, charpentiers, menuisiers, ébénistes, charrons, peintres, serruriers, ferblantiers, tonneliers, tisseurs de paille, tisserands, cordonniers, tailleurs, jardiniers, domestiques, habitués au service intérieur ou de la cuisine, etc.; tous rencontrent ici une installation qui leur permet de se livrer à leur occupation favorite. Quant aux cultivateurs, ils trouvent à la ferme St-Luc un aliment permanent à leur activité.

Indépendamment de la discipline et du travail, j'ai regardé comme un très-utile auxiliaire du traitement moral, l'exercice du sentiment religieux. Je l'ai constamment encouragé, là où une contre-indication spéciale ne commandait pas d'en suspendre la pratique.

Les lectures de nos malades, leur correspondance avec leurs parents, les visites qu'ils en reçoivent, sont réglées dans une sage mesure, selon l'état mental de chaque sujet, et le bien qui peut en résulter pour lui. Toutes leurs réclamations sont l'objet d'un examen attentif, et par de fréquents entretiens avec eux, mes collaborateurs et moi, nous efforçons de combattre leurs aberrations, de rompre la concentration exclusive de leurs idées, et de les ramener, quand c'est possible, au sentiment de la réalité. L'annonce d'une bonne ou d'une mauvaise nouvelle, la mise en jeu du sens émotif, sont de puissants moyens d'action que nous ne négligeons jamais.

Des jeux variés, des journaux, des revues illustrées sont mis à la disposition des aliénés qui sont aptes à profiter de ce genre de distraction. Une école, un gymnase, seront installés à St-Luc pour les sujets auxquels leur âge ou certaines conditions spéciales interdisent les travaux de chantier ou d'atelier.

Nos seules pénalités consistent dans la réprimande, la privation momentanée du tabac ou de la promenade, dans un bain pour ceux auxquels il répugne ; enfin, pour les cas extrêmes, dans un encellulement passager, dans la douche, l'affusion ou l'application de la camisole. — Quant aux récompenses, la libre disposition d'une fraction de leur pécule, l'achat de colifichets ou de friandises, un éloge publiquement donné, la visite des parents, la promenade extérieure, le passage dans une autre section, le changement de catégorie, l'espoir d'une prochaine liberté, constituent pour ces infortunés de très-puisssants encouragements.

En ce qui touche le traitement physique de l'aliénation mentale, je le varie selon les divers types que nous avons sous les yeux, selon la nature et le degré de la lésion intellectuelle. Partant de ce principe, confirmé par de nombreuses expériences, que l'intelligence et le sentiment ne sont pas seuls lésés dans la folie, mais qu'il y a, au contraire, presque toujours une lésion physique correspondante, j'ai dû accorder aux agents physiques une grande importance dans ma thérapeutique. Le phénomène le plus commun chez les aliénés est la diminution, ou même l'abolition de la sensibilité de la peau. C'est surtout chez les idiots, les imbéciles, les déments, les mélan- coliques, les paralysés généraux et les stupides, que l'anesthésie de l'organe cutané se fait remarquer davantage. Cette anomalie de la sensibilité externe s'observe aussi chez les monomaniaques, et chez les maniaques, dans leurs paroxysmes. J'ai, il y a quelques années, successivement soumis presque tout mon personnel de malades à des expérimentations ayant pour but de constater, avec le plus de précision possible, le degré de la lésion sensoriale que présentait chacun d'entre eux. Le résultat de ces investigations fut consigné dans un travail que je publiai en 1859, et qui fut inséré dans les Annales médico-psychologiques. L'une des conclusions de ce Mémoire est que le degré de sensibilité externe dont jouit l'aliéné est en raison directe de son développement intellectuel, quel que soit d'ailleurs le type particulier de sa folie. Ce serait donc rendre un grand service à nos malades, que de réhabiliter la sensibilité là où elle fait défaut, et de procurer du ressort et de l'énergie à leur système musculaire engourdi.

Les bains sont, pour parvenir à ce but, d'une utilité que l'on ne saurait méconnaître. Extrêmement sobre de la douche, j'ai employé avec succès les bains tièdes et prolongés pendant plusieurs heures, les irrigations, les affusions, les aspersions avec la pompe d'arrosage, les frictions stimulantes ou avec la neige glacée, l'hydrothérapie sans appareil spécial et selon les ressources dont je pouvais disposer. J'ai même essayé de l'urtication dans certains cas de torpeur excessive ; les lotions acidules, les bains de vapeur ont aussi leur utilité, et peuvent très-heureusement accroître et varier les moyens d'action.

Dans les cas d'exaltation de la sensibilité, dans les paroxysmes

d'agitation, j'ai employé à l'intérieur l'éther, l'opium, à dose croissante, la digitale, et tous les sédatifs en usage. Les dérivatifs sur
le tube intestinal, les révulsifs à la périphérie, ont été tour à tour
utilisés. J'ai surtout apporté un soin particulier aux prescriptions
concernant le régime individuel des malades en traitement. Sans
négliger les toniques, les dépuratifs, le fer, le bromure de potassium,
les modificateurs spéciaux de la constitution, je me suis souvent
applaudi de substituer aux préparations pharmaceutiques un régime alimentaire exceptionnel et réparateur.

Les inhalations éthérées, arrêtées dès que survient la période d'excitation chez les stupides et les déprimés, poussées au contraire
jusqu'à la période de résolution et d'insensibilité complète chez les
individus dont le délire aigu s'accompagne d'insomnie et d'agitation
incoërcibles, m'ont quelquefois fourni d'heureux résultats. Un des
faits les plus remarquables que nous ayons vu se produire à la
suite de l'éthérisation, c'est la transformation du délire et l'atté-
nuation de l'affection mentale, à laquelle succède parfois un type
nouveau, plus accessible aux moyens ordinaires de traitement.

Je ne répéterai point ici ce que j'ai déjà dit ailleurs sur l'é-
lectrisation des aliénés. S'il est des aliénés entièrement réfractaires
au courant électrique, et à la secousse qu'il produit, il en est
d'autres qui en sont vivement impressionnés. Le mode dont cette
impression est ressentie, est un sujet d'études aussi curieuses
qu'instructives. Nous l'avons trouvé constamment en rapport avec
le degré de conservation de la sensibilité du malade auquel nous
l'appliquions, et offrant conséquemment, d'après ce que j'ai dit plus
haut, une corrélation directe avec le développement intellectuel.
Pour mieux m'expliquer : le fluide n'impressionne pas les idiots,
impressionne faiblement les imbéciles, et chez les déments la sen-
sation qu'il produit, est proportionnée à leur dégradation morale,
et d'autant moins intense et douloureuse, qu'ils sont parvenus plus
bas dans l'échelle des lésions psychiques. Les monomaniaques et les
maniaques, hors de leurs paroxysmes, ressentent vivement la secousse

électrique, qui est pour eux fort pénible. Il est des monomanes qui, bien que très-obstinés dans leurs aberrations délirantes, y renoncent momentanément, lorsqu'ils sont sous l'influence de l'électrisation. La douleur physique produit une trêve dans leur délire, et les ramène passagèrement au sentiment de la réalité. J'ai pu ainsi obtenir des réponses de la part de malades qui depuis plusieurs années se condamnaient à un mutisme volontaire, jusqu'alors invincible.

Mais c'est surtout chez les lypémanes dont la mélancolie se complique de stupeur, que l'électrisation produit ses plus féconds résultats. La plupart de ces sujets nous arrivent affaiblis et déprimés; leur physique et leur moral marchent de pair vers la torpeur et l'inertie; leur spontanéité tend graduellement à s'évanouir; leur enveloppe tégumentaire participe passivement à la cachexie générale de l'organisme. La plupart demeurent impassibles lorsqu'on pratique des opérations sur eux; ils ne ressentent ni l'action des vésicatoires, ni l'application des ventouses scarifiées, des sétons, des cautères, ni même l'avulsion des dents. Ils conservent, dès l'abord, à l'égard des excitateurs électro-magnétiques, une impassibilité plus ou moins grande, mais peu à peu ils deviennent moins rebelles à l'influence du courant, qui finit, après quelques séances, par les secouer avec énergie. Du moment où la secousse est perçue par eux, et amène des manifestations douloureuses, nous augurons bien du résultat de nos efforts, et nous y persévérons. Le retour de la sensibilité est un grand pas de fait vers la guérison; il coïncide presque toujours avec la disparition de la stupeur.

Chez les épileptiques, j'ai tour à tour essayé le nitrate d'argent, l'indigo, l'oxide de zinc associé à la valériane, la belladone, les antispasmodiques. La belladone et l'oxide de zinc sont de toutes ces préparations, celles dont j'ai eu le plus à me louer.

La paralysie générale des aliénés est une maladie si grave, et ordinairement si au-dessus des ressources de l'art, que l'on voit malheureusement échouer tous les efforts tentés pour la combattre·

Il m'a paru sage de borner ma médication aux symptômes qui se produisaient, au fur et à mesure de leur manifestation, et de permettre à ces malades, au moyen d'un régime fortifiant et réparateur, de lutter le plus longtemps possible contre les ravages de leur fatale affection. Lorsque l'épuisement de leurs forces et les troubles de leur innervation les obligent à un décubitus prolongé, et favorisent la production des escarres, ces infortunés deviennent l'objet des soins les plus dévoués. La surveillance de leur literie est alors d'une importance majeure. On n'a pas trouvé en Angleterre de meilleur moyen de leur assurer une constante propreté, en même temps qu'un coucher doux et résistant, que de leur consacrer des lits hydrostatiques. Ces lits, que j'ai vus fonctionner à Bethlem, à Colney-Hatch, et à l'hôpital des matelots, se composent d'une caisse remplie d'eau renouvelable à volonté et recouverte d'un fort tissu imperméable en gutta-percha. Le paillon des landes, dont on se sert à Pau, forme un coucher bien plus avantageux que la paille ou le zostère. Il ne favorise point la formation des sphacèles, qui sont si communs dans les décubitus prolongés. Je ne dois point omettre de mentionner ici les avantages que j'ai retirés, pour combattre ces escarres, de la pommade au coaltar, préparée selon les indications de M. Lebœuf ou de M. Demeaux. Des plaies profondes, fétides, baignées de suppuration, ont pris rapidement un tout autre aspect, et j'ai vu survenir une prompte cicatrisation, là où depuis longtemps je ne l'espérais plus.

Le régime alimentaire et les soins hygiéniques jouent aussi un grand rôle dans le traitement de la folie. Depuis que d'utiles réformes ont été introduites dans l'alimentation des aliénés indigents ; depuis qu'ils reçoivent de la viande cinq jours par semaine, que l'usage du vin a été généralisé, et le pain donné presque à discrétion ; depuis qu'on ne leur marchande plus l'air et l'espace, l'état sanitaire général s'est avantageusement modifié. En ce qui concerne les soins de propreté, nous avons donné une attention toute particulière à assurer une abondante distribution d'eau dans toutes les sections, et à aménager des lavoirs dans tous les quartiers de St-Luc.

Je viens de faire une rapide et sommaire énumération des principaux moyens de traitement que j'ai l'habitude d'employer pour combattre l'aliénation mentale. Isolément insuffisants, ils peuvent par une combinaison sagement et graduellement ménagée, contribuer activement aux plus féconds et aux plus légitimes succès. Attentif aux indications qui se présentent, je tâche de varier mes prescriptions selon les différentes idiosyncrasies, selon les types et les périodes de la folie, et de mesurer l'énergie du remède, d'une part, sur l'intensité du mal : d'autre part, sur le tempérament et la constitution des individus. Consoler, soulager, là où je ne puis parvenir à guérir, me paraît un but qui n'est nullement indigne de mes efforts persévérants.

Sans vouloir prétendre que le traitement dont je viens de tracer l'esquisse, résume l'état actuel de la science, au point de vue de la curation de la folie, ni qu'il soit la dernière expression du progrès accompli, je ne laisserais pas cependant proclamer sans protestation que ce traitement est *irrationnel*. Or une protestation de ce genre, insérée dans mon rapport de 1863, publié par les Annales médico-psychologiques, m'a attiré de la part d'un savant contradicteur, M. le docteur Belloc, directeur-médecin de l'asile d'Alençon, une polémique très-vive. M. Belloc a nié qu'il existât un traitement *rationnel* de l'aliénation mentale : s'il eût dit un traitement *spécifique*, comme celui des fièvres intermittentes par le quinquina, ou de la syphilis par les mercuriaux, nous eussions pleinement partagé son avis, mais telle n'était point la pensée de notre collègue. Selon lui, il n'y a pas aujourd'hui de traitement *rationnel* à opposer à la folie. Nous avons tenté de démontrer ce qu'avaient de paradoxal cette négation, et le dédain manifesté en même temps par M. Belloc pour le classement des aliénés, dans les Asiles qui leur sont consacrés, mais la divergence d'idées survenue entre notre honorable collègue et nous, a survécu à notre polémique. Voici comment nous la résumons :

Dans un mémoire publié en 1862 sur la transformation des Asiles d'aliénés en centres d'exploitation rurale, M. le docteur Belloc développe avec beaucoup de talent et de verve, au milieu d'une foule d'idées originales dont plusieurs sont très-acceptables, les assertions suivantes : « 1° Travail obligatoire et s'appliquant au moins à 75 pour 100 du nombre total des aliénés d'un asile ; 2° suppression du classement des aliénés, et *aveu sincère* que les catégories et sous-catégories dont on parle n'ont jamais existé que dans les livres ; » 3° Amende honorable envers un public jusqu'ici abusé : « *aveu éclatant* qu'il n'existe pas de traitement rationnel de l'aliénation mentale, que, s'il y a des médecins qui traitent les aliénés, il en est d'autres qui les traitent peu, ou même qui ne les traitent pas du tout, » — et par voie de conséquence, déchéance de l'aliéné de son rôle de malade, pour descendre à celui de colon rural ; « 4° substitution du Médecin Directeur au Directeur-Médecin ! ! 5° renversement des murailles de l'Asile actuel — camisole de force agrandie, — par la Ferme-Asile, » paradis terrestre des aliénés, — usine et coffre fort des départements.

Que les expressions aient peut-être dépassé la pensée de notre collègue ; qu'il ait un peu cédé à l'entraînement de son penchant aux « innovations hardies » ; que quelques-unes de ses phrases prêtent à l'équivoque, comme il nous l'a dit, et aient besoin de l'interprétation ou des commentaires de l'auteur, c'est possible, mais il n'en est pas moins vrai que les idées ci-dessus se trouvent toutes dans sa brochure, à laquelle nous avons, nous, opposé les propositions que voici :

1° Travail facultatif pour les aliénés, et s'appliquant *au maximum* à 50 pour cent de la population d'un asile, dont chaque travailleur exécute, en moyenne, la tâche d'une demi-journée ; 2° perfectionnement incessant du classement des malades ; affirmation énergique qu'il existe *dans tous les asiles bien tenus*, et qu'il y forme une des bases principales du traitement moral ; 3° application aux aliénés d'*un traitement rationnel* de nature à combattre les lésions intellectuelles dont ils sont atteints ; sollicitude jalouse pour conserver aux aliénés le bénéfice de la conquête de Pinel, d'Esquirol et de ceux de leurs successeurs qui les ont élevés *à la dignité de malades ;* 4° dédain complet pour les logomachies ; 5° amélioration successive des asiles actuels, — progrès immense déjà accompli ! — par la colonisation rurale appliquée prudemment et non révolutionnairement ; enfin, 6ᵉ occupations agricoles constituant un utile auxiliaire du traitement des malades, et *secondairement* une source de profits pour les asiles et d'exonération *partielle* pour les départements.

Les opinions ainsi mises en présence, nous paraissent se ressembler fort peu, et nous avions loyalement reconnu à notre contradicteur le droit de défendre les siennes, qu'il nous accusait d'abord d'avoir injustement critiquées. Ce n'est donc pas sans quelque étonnement que nous nous sommes vu ensuite adresser le reproche contraire. Il ne s'agissait plus d'une injuste critique, mais bien d'un plagiat ! Après réflexion, nos idées étaient tout simplement, selon lui, la reproduction plus ou moins déguisée de ses propres opinions. Or, s'il en était ainsi, pourquoi nous en faire un reproche ? Avait-il prétendu se réserver le monopole de leur application ? et n'eut-ce pas été lui rendre un hommage flatteur, que de mettre en pratique ses théories avec un pareil empressement ? Malheureusement cet accord imaginaire n'a jamais existé. La fondation de la colonie St-Luc date de 1860 ; en conséquence, son organisation n'a pu nous être inspirée par une brochure qui porte le millésime de 1862, et dont nous n'avons pas accepté les paradoxes.

Si donc les conceptions de M. Belloc sont étrangères à la création de la colonie rurale de St-Luc, la première qui ait été organisée en France, comme annexe séparée, près des asiles départementaux, je me plais à proclamer qu'elles ne le sont pas autant à certains perfectionnements apportés à cette institution. La divergence existant entre nous au point de vue du traitement de la folie, et du classement des aliénés, n'empêche pas un accord dont je me félicite, sur bien d'autres points de la psychiatrie, ou de l'organisation des Asiles.

VII.

Des réformes réclamées au sujet du traitement des aliénés et de la loi du 30 juin 1838.

Le régime intérieur des Asiles d'aliénés et la loi du 30 juin 1838 ont été, depuis quelque temps, l'objet d'une véritable croisade, d'attaques multiples et d'une vivacité extrême. On a signalé des dangers là où le public n'avait vu jusqu'alors que les garanties les plus satisfaisantes pour l'individu, pour sa famille, et pour la société. Quelques anciens pensionnaires des maisons de santé, obéissant à des rancunes rétrospectives, réclamèrent les premiers contre des séquestrations auxquelles ils avaient dû cependant leur retour à la raison, retour incomplet peut-être, mais à qui la faute ? Serait-ce, à ce que leur séjour n'y aurait pas été suffisamment prolongé ?

A ces réclamants, ne tardèrent pas à se joindre un ou deux employés *fruits secs* ou congédiés des Asiles d'aliénés, révélateurs tardifs et suspects de prétendues illégalités, trouvées par eux très-légitimes lorsqu'ils étaient en fonctions, mais prenant subitement le caractère de monstruosités, dès qu'on avait dû se passer de leurs services. Favorisés par une presse opposante trop empressée de saisir l'occasion d'une critique acerbe, qui lui faisait défaut dans la politique, ces réclamations prirent de la consistance, et se formulèrent dans diverses pétitions adressées au Sénat.

On a reproché d'abord à la loi de 1838 de ne point garantir suffisamment la liberté individuelle contre une erreur possible de diagnostic, et de rendre les admissions trop faciles. Il résulte néanmoins d'un aveu, d'autant plus précieux à recueillir, qu'il émane des détracteurs les plus passionnés de la loi, qu'il n'y pas encore eu un seul fait démontré d'erreur commise. Mais il suffit, dit-on, que l'erreur soit possible, pour que la loi offre un danger, et qu'il soit urgent de la réformer. Le certificat d'un seul médecin devrait-il suffire pour faire admettre, à titre d'aliéné, un citoyen dans un asile ? Et cependant la loi n'en exige pas davantage. Un Français quelconque peut, ajoute-t-on, avec la complicité d'un médecin quelconque, faire enfermer un autre Français dans un Asile. N'est-ce pas là la résurrection de la lettre de cachet, la substitution de *Bicêtre à la Bastille ?*

Assurément, si les choses se passaient ainsi, ces réclamations

5

auraient quelque fondement. Mais outre le certificat d'un médecin, et la demande écrite et signée d'un parent ou ami du malade, le chef ou directeur d'un asile est obligé, sous sa propre responsabilité, de s'assurer de la nécessité du placement qu'on lui propose, et de la moralité de l'acte auquel on l'invite à prêter son concours. Il faut que, tout en tenant compte des faits délirants qui motivent le placement, le médecin de l'Asile examine de suite le malade, ou présumé tel, qu'on lui amène, en faisant abstraction de l'opinion préalablement émise, par des confrères moins compétents que lui pour apprécier la folie. Le médecin spécialiste ne connaît le plus souvent, ni le médecin qui a délivré le certificat à l'appui de l'admission, ni la personne qui l'a demandée. Il n'a donc pas de ménagements à garder envers eux, et son attestation puise dans cette circonstance même un caractère d'indépendance et d'impartialité incontestable. Son certificat est d'ailleurs contrôlé, soit par les hommes de l'art que le Préfet désigne pour visiter les personnes placées, soit par les collaborateurs de tout genre qui aident à assurer le service médical. Comprendait-on une complicité s'étendant à tant de personnes honorables, dans le misérable but de priver un infortuné de sa liberté ? — Admettez, par hypothèse, un homme sain d'esprit amené dans un asile : Que va-t-il se passer ? Cet homme par son calme, par son raisonnement lucide, et par son attitude, démontrera au médecin aliéniste qu'il est victime d'un infâme complot ; il commandera son attention d'une manière toute spéciale, et si le médecin ne se croit pas de prime abord suffisamment fixé sur l'état mental de ce malade, il le soustraira néanmoins à tout contact pénible. Il s'empressera de le placer en observation dans des conditions morales et matérielles qui ne puissent lui laisser aucune fâcheuse impression, jusqu'à ce qu'il ait pu dans un bref délai, provoquer sa sortie d'un lieu où il serait indûment entré. — Si, au contraire, le présumé malade s'emporte et réagit avec énergie contre la violence qui lui est faite, le médecin qui ne le connait pas encore, redoublera de vigilance et multipliera ses moyens d'investigation pour pouvoir, sans aucun retard, être pleinement édifié sur la vraie situation morale de son nouveau client. La sortie immédiate serait le résultat d'une erreur reconnue, mais ces cas sont tellement improbables, grâce à l'honorabilité du corps médical, qu'il ne nous est pas encore arrivé d'en voir un seul. Si nous avons, quatre ou cinq fois, déclaré non aliénés des individus qui nous avaient été amenés, cette déclaration s'appliquait toujours à des simulateurs, auxquels la justice demandait compte de méfaits qu'ils espéraient faire excuser par une aberration mentale, ou par des *pesants*, à qui leurs actes laissaient incomber une certaine dose de responsabilité morale.

Il est donc impossible qu'un individu sain d'esprit séjourne dans un asile. Au cas où, par une fatalité dont on n'a pas cité encore un seul exemple authentique, ce fait viendrait à se produire, le sujet de cette méprise inouïe trouverait dans le personnel exercé à discerner la folie toutes les garanties que peut exiger l'indépendance la plus jalouse, la plus chatouilleuse. Médecins, administrateurs, internes, sœurs de charité, servants, préposés, tout le personnel, en un mot, proclamerait instantanément l'erreur commise, et elle serait *immédiatement* réparée. Qu'on ne vienne donc pas alléguer qu'après le placement opéré, il n'y a *ni fuite, ni recours, ni plaintes possibles*. Non-seulement le recours et la plainte sont un droit imprescriptible, et spécialement inscrit dans la loi, mais la fuite aussi est fréquente, trop fréquente même, quand les évadés n'ont pas cessé d'être des sujets de trouble et de danger publics. Toutefois, je connais plus d'un exemple d'évasion applaudie, sinon favorisée, par le médecin, qui ne regardant pas le malade comme suffisamment guéri pour pouvoir certifier son innocuité au dehors, n'était pas fâché cependant que sa sortie, prématurée peut-être, s'opérât en dégageant la responsabilité médicale. Des sorties *à titre d'essai* rempliraient le même but, et le régulariseraient.

Du reste, jamais plainte orale ou écrite d'un aliéné ne demeure sans solution, et la loi de 1838 édicte la peine de l'emprisonnement et d'une amende considérable, contre le chef d'établissement qui supprimerait ou *retiendrait* les réclamations adressées à l'autorité. Cependant, les détracteurs de la loi ne se sont pas contentés de mettre en suspicion les familles des malades, les médecins qui concourent à leur placement, les Médecins, directeurs et employés des asiles, les médecins délégués par les Préfets pour exercer un contrôle : L'autorité à son tour, a été suspectée de tolérance abusive, ou d'incurie, dans sa surveillance. On est allé jusqu'à accuser l'administration de baser ses ordres de séquestration sur des motifs politiques, et un monomane qui s'est fait remarquer par l'acharnement de ses réclamations, écrivait en 1863, dans un pamphlet où la verve gasconne pétille, où le délire d'orgueil éclate à chaque ligne : « ma prose incisive, pénétrante, vitriolique, et surtout désespéré- » ment protéiforme, faisait tache dans le soleil impérial ; on m'a » mis à l'ombre ! » Or c'était pour la sixième fois que les excentricités de cet aliéné le faisaient mettre à l'ombre, et depuis lors trois autres récidives de folie furieuse ont entraîné *d'urgence*, chaque fois, le placement de cette soi-disant victime de la politique, dans des maisons de santé ! Tels sont, en majorité, les adversaires de la loi de 1838. Peu conséquents avec eux-mêmes, la plupart d'entr'eux commencent par accuser de ne faire que des visites *illusoires* dans les asiles d'aliénés, les magistrats auxquels la loi a confié cette mission. Et cependant ils demandent ensuite que ce soit *le Juge* qui prononce les admissions, après enquête, et débat contradictoire. Comment donc *le juge*, auquel vous reprochez aujourd'hui de ne donner qu'un appui illusoire à des infortunés placés par la loi sous sa protection et sous sa sauvegarde, vous offrira-t-il demain plus de garanties de zèle, quand vous l'aurez obligé à se transporter auprès de chaque individu de son arrondissement subitement frappé de délire ? Et pour ce forcené qui répand autour de lui le deuil et la terreur, faudra-t-il attendre l'accomplissement des formalités judiciaires, l'arrivée des huissiers, du greffier, des avocats, des juges, l'expédition et l'enregistrement de l'arrêt, sa notification, etc. pour mettre fin à des scènes d'immoralité, de destruction, de carnage, ou d'incendie :.... sous prétexte qu'on ne peut, sans un jugement, priver un français de sa liberté ? — Il est des cas où la force majeure est supérieure au droit, ou la nationalité disparaît, et où *salus populi suprema lex est.* Cessez de voir un citoyen où il n'y a plus qu'un malade, qu'un fou, qu'il faut absolument traiter et tenter de guérir, autant dans son propre intérêt, que dans l'intérêt de la société toute entière. Songez, d'ailleurs, que la séclusion dont ce forcené serait l'objet dans son domicile, est plus inintelligente et plus dure, que celle qui l'attend à l'Asile.

Parmi les réclamants, il en est qui ne veulent pas de l'intervention *des juges* dans les placements, parce que ce serait donner trop de retentissement à une mesure que les familles ont intérêt à ne point divulguer. Quelques uns ont proposé de charger des personnes « ayant des connaissances en physiologie » de faire les rapports sur lesquels les placements seraient ordonnés. Or, comme en fait de physiologistes, on ne trouve guère que des médecins, ce serait encore aux médecins qu'incomberait le soin de statuer, ou du moins, de provoquer les décisions. Tel est le résultat pratique auquel arrivent ces détracteurs d'un ordre de choses auquel ils n'ont rien de mieux à substituer. Après la critique de ce qui est, on en arrive, pour y rémédier, à proposer, presque sans variante, la continuation des éléments actuels !!! On oublie à dessein les dispositions de l'article 29 de la loi, qui assurent aux séquestrés la protection constante des magistrats de l'ordre judiciaire. Ceux-ci peuvent, en effet, à quelque époque que ce soit, ordonner la sortie immédiate, par une décision *qui ne doit pas être motivée,* et qui est rendue sur simple requête, en chambre du Conseil, sans délai, timbrée et enregistrée en debet. Si, pour accélérer les placements urgents, le législateur en a chargé exclusivement l'administration, il a sagement réservé l'intervention de la justice pour le contrôle, pour le maintien ou la suppression de la séquestration, concurremment avec l'intervention de l'autorité administrative, donnant ainsi une double garantie aux intéressés.

On a prétendu que tous les médecins aliénistes trouvent parfaite la loi de 1838 : Erreur ! Erreur profonde ! Deux ou trois, parmi eux, ont uni leurs critiques à celles dont nous venons de parler, et, c'est de ces rares dissidents que sont venues les plus dangereuses, les plus énergiques attaques contre cette loi. La protestation qui a eu le plus de retentissement est celle de M. le docteur Turck, qui dès 1847, a publié dans un livre sur les Eaux de Plombières, d'importantes considérations sur la folie, sur sa nature, ses causes et son traitement.

Malgré la notoriété qui s'attache au nom de cet aliéniste, nous ne pouvons pas plus nous associer à ses critiques du régime actuel des aliénés, qu'à sa doctrine sur l'aliénation mentale, et au traitement préconisé par lui. En effet, d'après M. le docteur Turck « quelles que soient les causes de la folie, elle est toujours » due à une accumulation trop considérable d'électricité dans l'appa- » reil électro-négatif, et surtout dans la peau des sujets. — Pour » soustraire cette surabondance d'électricité, il ne faut pas se borner » à des bains de quelques heures, comme les prescrivait Esquirol, » mais il faut administrer *des bains d'un ou de plusieurs jours*, » en continuant ainsi *durant plusieurs mois*, au besoin. » (textuel).

A l'appui de ce système de traitement, M. Turck cite des bains répétés, de deux jours au minimum, mais souvent prolongés pendant 3, 4 et 5 jours, et même *un bain de 10 jours* donné par lui à une jeune fille : Il rapporte le cas d'une dame de 82 ans qui avait passé 40 ans de sa vie en baiguoire ! !

Or M. Turck, qui fait ainsi passer des mois et des années à ses clients aliénés dans une baignoire, est le plus ardent adversaire des asiles actuels, le plus infatigable réclamant contre l'attentat à la liberté dont ces institutions se font les complices, contre la contagion morale qui y propage la folie, selon lui, au lieu de la guérir.

Nous nous persuaderons difficilement que la liberté individuelle soit mieux garantie par un séjour habituel dans une baignoire que par la résidence dans un asile. Quel que soit le rôle joué par l'électricité dans la production de la folie, (et sur ce point la doctrine de M. Turck ne paraît pas avoir fait beaucoup de prosélytes), nous n'admettrons jamais qu'il soit plus doux, plus humain, de placer une personne jouissant de ses droits civils, mais empêchée momentanément par le délire de se prévaloir de ces droits, de la placer, disons-nous, de l'immobiliser même, dans un récipient hydrostatique, plutôt que de l'amener dans un établissement où elle trouve du confortable et du bien-être, de vastes jardins, de frais ombrages, des soins affectueux, indulgents, éclairés, *un traitement rationnel*, et de 25 à 100 hectares de surface pour prendre ses ébats. Cet abus de la baignoire ne constitue pas pour nous un agrandissement de la camisole de force : c'est le superlatif de la coërcition appliquée au traitement de la folie. La camisole de force devient un soulagement, un jouet, quand on est sorti de cette longue torture qu'a voulu infliger le praticien des Vosges à ses clients, pour les empêcher d'aller contracter la folie dans les asiles ! ! ! Nous demanderions pour les baigneurs aliénés de M. Turck le bénéfice de la camisole et de la cellule, ne serait-ce que pendant le laps de temps que ce praticien les condamne à passer dans ses baignoires de Plombières ou autres. Et nous croirions rendre un grand service à l'humanité, et à la cause sacrée de la liberté individuelle, en les préservant des bains Turck ! ! Nous n'avons jamais infligé l'encellulement au malade le plus frénétique, pendant le quart du temps que notre confrère Vosgien les soumet à la baignoire forcée.

Enfin, la nécessité de l'isolement dans le traitement de la folie a été contestée, du moins dans les cas où les aliénés ne sont pas immédiatement agressifs. Pourquoi, dit-on, séquestrer une personne *qui veut demeurer libre*, et qui ne fait pas courir un danger actuel et imminent à son entourage ? Quel droit a la société de la placer dans un lieu où elle n'a plus « la liberté d'aller, de rester, de partir, sans être retenue ou arrêtée ? »

Personne ne professe pour *les droits de l'homme* plus de respect que nous, et si la liberté a jamais rencontré des entraves, ce ne sont pas les médecins assurément, qui les ont suscitées. Toutefois, il est des situations plus fortes que les droits les plus sacrés, et la frêle machine humaine se heurte contre des obstacles imprévus, immérités, accumulés trop souvent par l'impitoyable destinée devant les natures les mieux trempées. Personne ne peut se soustraire à la maladie : quand elle vient, il faut l'accepter avec toutes ses conséquences, et parmi celles-ci la séquestration plus ou moins complète, la privation de cette liberté si précieuse d'aller et venir à sa volonté, sont les premières qu'il faut subir. — Vous admettez, dirons-nous à nos contradicteurs, qu'une pneumonie, une fièvre typhoïde, une fracture, une entorse même, condamnent les patients à deux ou trois mois de réclusion dans leur appartement. Vous trouvez fort naturel que cette captivité puisse durer des années pour un paraplégique, pour un homme affecté de tumeur blanche, et vous vous insurgez si nous voulons vous faire reconnaître la même nécessité pour les personnes atteintes de folie ! L'aliéné serait donc, d'après vous, le seul malade auquel le privilége d'une complète liberté devrait être conservé pendant la durée de son mal ? Une pareille thèse ne peut être sérieusement soutenue, et tout homme de sens affirmera avec nous la nécessité de mettre l'aliéné dans l'impossibilité de nuire à autrui et à lui-même. S'il n'encourt aucune responsabilité pour ses méfaits, que du moins la société soit en droit d'empêcher ceux-ci d'être commis, et de se garantir contre des dangers imminents ! La patrie a le droit de vous demander sept ans de votre liberté, et le sacrifice de votre vie s'il lui est nécessaire. D'autre part il est reconnu que toute insuffisance morale trouve son meilleur remède dans une *séquestration temporaire*. On laisse grandir ses filles à l'ombre du cloître ou dans des pensions, et l'on envoie sans scrupule ses en-

fants passer six ou sept ans dans l'étroit enclos d'un lycée, pour
y acquérir les notions qu'ils n'ont pas, pour y apprendre à mo-
dérer des impulsions qu'une saine raison ne dirige pas; pourquoi
hésiterait-on davantage à demander quelques semaines, quelques
mois, quelques années même de leur liberté, à des personnes qui sont un danger public ? Pourquoi ne les soumettrait-on
pas pour leur faire recouvrer des notions perdues, abolies, aux
conditions imposées à ceux qui, ne les ayant jamais possédées,
veulent les acquérir ? — Mais allons plus loin, et déclarons qu'à côté
du droit de séquestration il y a pour la société le devoir paral-
lèle de faire, pour guérir un de ses membres, tout ce qui est en
son pouvoir : Vous sauveriez sa maison si elle était inondée ou in-
cendiée, et vous vous refuseriez à secourir sa personne ! Vous lui
tendriez une bouée dans un naufrage, et vous la laisseriez sombrer,
quand sa raison est submergée ! Cela ne peut pas être, et l'aliéné
doit trouver dans son entourage, les secours, la tutelle, qui lui
sont indispensables. Sa volonté ne saurait être un obstacle sérieux
à sa mise en traitement, car ce n'est plus une volonté intacte et
libre, mais une volonté malade comme tout l'être moral. En effet,
un être irresponsable ne saurait émettre une opinion raisonnée, ni
faire un acte valable.

S'il est inhabile à tester, à se marier, à gérer ses biens, si
la maladie enfin l'a fait tomber en état de minorité, il est devenu
inconscient de ce qui lui convient, et c'est à une volonté étran-
gère et saine qu'il appartient de se substituer à la sienne. Nous
n'avons donc aucun scrupule à soumettre temporairement, même
malgré eux, des aliénés qui s'y refuseraient, au traitement de leur
maladie dans un asile. Demande-t-on à l'enfant s'il veut qu'on lui
arrache une dent gâtée, au blessé qui a une artère ouverte s'il
veut permettre qu'on lie le vaisseau par lequel sa vie s'écoule
avec son sang, au suicidé s'il veut qu'on coupe la corde avec
laquelle il vient de se pendre, au noyé s'il veut être retiré de l'eau ?

Et d'ailleurs, ces séquestrations essentiellement temporaires, nécessitées par la plus triste maladie qui puisse affliger l'humanité, ne sont-elles pas aujourd'hui entourées de tous les adoucissements désirables ? Depuis trente ans, l'étude constante des administrateurs, des médecins, des architectes, des philanthropes, a été de rechercher les moyens de rendre agréable le séjour des maisons de santé, d'en bannir tout ce qui sent trop la contrainte ou la réclusion, enfin d'y introduire tout ce qui se rapproche le plus de la vie de société ou de famille. Pour quiconque a vu les anciens cabanons, quel progrès accompli ? Quelle transformation ?

Mais la séquestration ne se prolonge-t-elle pas inutilement, et au-delà des limites indispensables ? Quelle garantie a le malade guéri, contre la tendance qu'on pourrait avoir de le retenir après sa guérison ? Cette garantie nous la trouvons, nous, dans la conscience des médecins chargés du traitement, et dans l'intérêt qu'a leur réputation à voir se multiplier le nombre de leurs guérisons. Pour ceux à qui cette garantie paraîtrait insuffisante, nous ajouterons le droit de réclamation orale ou écrite, la plainte portée aux fonctionnaires qui visitent périodiquement l'Asile, l'intervention de toute personne possédant la confiance ou l'amitié du convalescent, enfin le retentissement qu'obtiendrait une réclamation fondée, après celui qu'on est parvenu à donner à des critiques dépourvues de toute base sérieuse. C'est avec surprise que nous avons vu traiter *d'illusoires* les visites des magistrats, car dans les divers établissements où nous avons résidé, nous avons été témoin de la sollicitude avec laquelle elles avaient lieu. Pour ne parler que de l'Asile de Pau, nous l'avons vu successivement et périodiquement honoré des visites de MM. les Préfets, du Procureur général, du Président du Tribunal, du Procureur Impérial et de ses substituts, du maire de la ville, du juge-de-paix, etc., sans compter la présence fréquente des membres de la commission de surveillance, tous magistrats, administrateurs, ou médecins. La plupart de ces visites sont tellement consciencieuses, qu'elles ont souvent lieu, à dessein, hors de notre assistance, afin que les réclamations puissent se produire avec plus de liberté.

Cependant, à notre avis, la meilleure garantie contre les séquestrations arbitraires consiste dans la tenue générale d'un asile, dans les soins dont les malades y sont l'objet, dans la discipline ferme, mais surtout bienveillante, qui doit y régner. Il faut que pour l'autorité, et pour les familles qui ont la douleur de s'y voir représentées, une maison de santé soit diaphane, que tout s'y passe au grand jour, et que les restrictions apportées à la liberté soient exactement l'expression des nécessités du traitement. Or, nous n'hésitons pas à déclarer que c'est ainsi que les choses se passent dans les asiles publics. S'il y a du mystère à l'époque actuelle, ce n'est plus que dans les asiles cloîtrés, tels, par exemple, que celui où l'on a refusé de nous admettre, il y a trois ans, à titre de simple visiteur. (1)

Le nombre des aliénés séquestrés a sensiblement augmenté dans le cours de ces dernières années. En voici, selon nous, les principales causes : L'ouverture de nouveaux asiles a appelé de nouveaux hôtes, et au lieu de rencontrer, comme autrefois, dans chaque hameau, dans chaque village, dans chaque quartier de ville, des fous errants, objets de la risée générale, et danger permanent pour l'ordre public, on voit désormais ces infortunés réunis autour d'un foyer tutélaire et hospitalier. Leurs haillons sont remplacés par des vêtements décents : ils n'affligent plus le regard du triste spectacle de leur incurable misère. Certains d'entr'eux se réhabilitent par le travail de la déchéance morale où ils étaient plongés. La soif des jouissances matérielles, le goût effréné du luxe, le désir de faire rapidement fortune, ont multiplié dans une énorme proportion le chiffre des déclassés, des ambitieux déçus, et la folie a recruté parmi eux un nombre incalculable de victimes. Elle en a fait autant parmi les personnes qu'entraîne le tourbillon des passions, le relâchement des liens sociaux, l'oubli des bonnes mœurs, l'abandon des relations de famille, et qui abusent de la vie sous

(1) Asile de Montredon, près le Puy (Haute-Loire), tenu par les dames cloîtrées de l'Assomption.

tous les rapports. Enfin l'alcoolisme, l'usage immodéré de l'absinthe, des liqueurs fortes, et même du tabac, produisent chaque année un grand nombre de cas de paralysie générale, avec démence et ramollissement du cerveau. Pour les indigents, la gratuité des soins, pour les aliénés aisés, la disparition du préjugé relatif à l'incurabilité de la folie, et la confiance croissante inspirée aux familles par les médecins aliénistes, voilà encore des causes permanentes de l'accroissement des séquestrations.

Le régime des asiles est donc bien innocent de la multiplication des cas de folie, qui lui a été si injustement imputée. Malheureusement on ne peut pas en dire autant du progrès social, qui en donnant aux intelligences une impulsion et un essor trop rapides, en expose un plus grand nombre à dérailler. Jusqu'à ce qu'il nous ait été démontré que la baignoire de force, que la colonisation exclusive de tout traitement médical, et que même le régime qualifié de familial, ont amélioré la thérapeutique mentale, nous demeurerons parmi les partisans les plus convaincus du régime des asiles actuels colonisés et progressivement améliorés, parmi les défenseurs les plus énergiques de la loi du 30 juin 1838.

S'il était jugé indispensable d'ajouter quelques garanties à celles que nous venons d'énumérer, nous les trouverions surabondamment assurées par la mesure indiquée par M. le docteur Dagonet, de la création d'Inspecteurs régionaux, ou d'Inspecteurs généraux en nombre suffisant pour rendre les inspectious plus fréquentes, et tout au moins annuelles. Nous trouvons moins heureuse l'idée relative à un triumvirat chargé de diriger les asiles publics : il y a déjà trop de tiraillements lorsque que le chef de service médical n'est pas en même temps l'administrateur de l'établissement. Ce serait accroître les éléments de discorde que d'y multiplier le personnel dirigeant. Le défaut d'unité, les dissentiments entre les chefs, ont de graves inconvénients dont les malades souffrent toujours plus ou moins. Si deux hommes dont les attributions sont parallèles, et le grade identique, ont parfois tant de peine à s'entendre, que serait-ce, quand il y en aurait trois placés dans les mêmes conditions?

Nous nous associons pleinement, par exemple, à la pensée de M. Dagonet, relativement aux sorties *à titre d'essai*, qui devraient être autorisées et généralisées, et à l'élimination de nos asiles de ces incurables habituellement paisibles, la plupart idiots, paralytiques, ou épileptiques, qui n'ont que des crises lointaines, et qu'avec un peu de bonne volonté l'on pourrait garder dans les hospices ordinaires. Ceux-ci seraient invités à disposer pour eux un local spécial, et les charges départementales se trouveraient ainsi notablement allégées.

En résumé, nous estimons que c'est la loi de 1838 qui a été l'instrument de l'heureuse réforme accomplie depuis 30 ans dans le traitement et dans le régime des aliénés. Elle se prête à tous les progrès que l'on ne cesse de faire chaque jour dans la voie des améliorations, et elle offre autant de garanties à la liberté individuelle, qu'à la sécurité publique. Il n'y a donc pas à la modifier.

Je ne saurais mieux terminer ce compte-rendu, Monsieur le Préfet, que par l'hommage de ma profonde gratitude pour les éclatants témoignages de bienveillance dont vous avez honoré notre établissement et son Directeur-Médecin. En venant poser vous-même la première pierre de l'Asile St-Luc, le 1er juillet 1865, vous avez donné à la plus triste des infortunes humaines un gage précieux de votre haute sympathie ; vous avez montré à tous le vif intérêt que vous portez à une institution régénérée et reconstituée sous votre administration. Permettez-moi d'espérer qu'avant la fin de 1867 vous daignerez présider à l'inauguration de l'Asile St-Luc, et des nouveaux édifices consacrés par le département des Basses-Pyrénées au traitement de ses aliénés.

J'ai l'honneur d'être, avec respect,

MONSIEUR LE PRÉFET,

Votre obéissant et dévoué serviteur,

Le Directeur-Médecin de l'Asile,

Th. AUZOUY.

Pau, le 25 mai 1867.

Pau.—Imprimerie E. Vignancour.

www.ingramcontent.com/pod-product-compliance
Lightning Source LLC
Chambersburg PA
CBHW070912280326
41934CB00008B/1684